U0290998

新编高等院校计算机科学与技术规划教材

虚拟现实技术

黄 海 编著

北京邮电大学出版社
www.buptpress.com

内 容 简 介

虚拟现实是利用计算机模拟产生一个三维空间的虚拟世界,提供使用者关于视觉、听觉、触觉等感官的模拟,可以直接观察、操作、触摸、检测周围环境及事物的内在变化,并能与之发生"交互"作用,使人和计算机很好地"融为一体",给人一种"身临其境"的感觉,可以实时、没有限制地观察三维空间内的事物。在医学、娱乐、艺术与教育、军事及工业制造管理等多个相关领域有重要应用。根据虚拟现实系统的构成,本书共分 5 章,介绍了虚拟现实的基本概念、输入设备、输出设备和相关的计算技术,并对虚拟现实研究中的三维模型的检索技术进行了介绍。

本书可以作为高等院校计算机科学、信息与通信、电子科学、机械工程、控制科学等工科专业的教材,也可作为初学者和工程技术人员的参考书籍。

图书在版编目(CIP)数据

虚拟现实技术 / 黄海编著. --北京:北京邮电大学出版社,2014.1
ISBN 978-7-5635-3830-0

Ⅰ. ①虚… Ⅱ. ①黄… Ⅲ. ①数字技术—高等学校—教材 Ⅳ. ①TP391.9

中国版本图书馆 CIP 数据核字(2013)第 320407 号

书　　　名:虚拟现实技术
著作责任者:黄海　编著
责 任 编 辑:张珊珊
出 版 发 行:北京邮电大学出版社
社　　　址:北京市海淀区西土城路 10 号(邮编:100876)
发 行 部:电话:010-62282185　传真:010-62283578
E-mail:publish@bupt.edu.cn
经　　　销:各地新华书店
印　　　刷:北京源海印刷有限责任公司
开　　　本:787 mm×1 092 mm　1/16
印　　　张:10.25
字　　　数:236 千字
版　　　次:2014 年 1 月第 1 版　2014 年 1 月第 1 次印刷

ISBN 978-7-5635-3830-0　　　　　　　　　　　　　　定　价:21.00元

前　言

自 20 世纪 90 年代以来,随着计算机技术、网络技术等新技术的高速发展及应用,虚拟现实技术发展迅速,并呈现多样化的发展势态,其内涵已经大大扩展。它涉及计算机图形学、人机交互技术、传感技术、人工智能、计算机仿真、立体显示、计算机网络、并行处理与高性能计算等技术和领域,是一项综合集成技术。它用计算机生成逼真的三维视、听、触觉等信号,使人作为参与者通过适当的装置和设备,能够体验逼真的虚拟世界并与之进行交互。

中华人民共和国国务院 2006 年 2 月 9 日发布的《国家中长期科学和技术发展规划纲要(2006—2020 年)》中提到大力发展虚拟现实这一前沿技术,重点研究心理学、控制学、计算机图形学、数据库设计、实时分布系统、电子学和多媒体技术等多学科融合的技术,研究医学、娱乐、艺术与教育、军事及工业制造管理等多个相关领域的虚拟现实技术和系统。2009 年 2 月,美国工程院评出 21 世纪 14 项重大科学工程技术,虚拟现实技术是其中之一。某种意义上说它将改变人们的思维方式,甚至会改变人们对世界、自己、空间和时间的看法。它是一项发展中的、具有深远的潜在应用方向的新技术,正成为继理论研究和实验研究之后第三种认识、改造客观世界的重要手段。通过虚拟环境所保证的真实性,用户可以根据在虚拟环境中的体验,对所关注的客观世界中发生的事件做出判断和决策,虚拟现实开辟了人类科研实践、生产实践和社会生活的崭新图式。虚拟现实正逐步进入人们的生产和生活,掌握这一技术已经成为时代发展的需要。

目前,许多高等院校都成立了从事虚拟现实研究的实验室,在计算机专业和非计算机专业开设了计算机图形学和虚拟现实技术的有关课程。作者在近几年的教学过程中发现,将计算机图形学和虚拟现实结合在一起讲解能够取得良好的效果,因此将平时上课用的电子版讲义整理成书,期望为相关的科技人员和学生提供参考。鉴于计算机图形学方面的出版物已经比较多,读者可以容易地找到适合自己的计算机图形学书籍,因此,本书对计算机图形学方面的知识没有涉及。

由于编者水平有限、编写时间仓促,书中不足之处在所难免,恳请广大读者批评指正。

作者

目　　录

第1章　虚拟现实技术概论

1.1　虚拟现实技术的概念及意义

在《庄子·齐物论》中记载了"庄周梦蝶"的故事:庄周梦见自己变成蝴蝶,很生动逼真的一只蝴蝶,感到多么愉快和惬意啊!不知道自己原本是庄周。突然间醒过来,惊惶不定之间方知原来是我庄周。不知是庄周梦中变成蝴蝶呢,还是蝴蝶梦见自己变成庄周呢?"庄周梦蝶"是庄子借由其故事所提出的一个哲学论点,其探讨的哲学课题是作为认识主体的人究竟能不能确切地区分真实和虚幻。随着科学技术的发展,这种"虚"与"实"的辩证关系得到了进一步的诠释。虚拟现实(Virtual Reality,VR)是利用计算机模拟产生一个三维空间的虚拟世界,提供使用者关于视觉、听觉、触觉等感官的模拟,可以直接观察、操作、触摸、检测周围环境及事物的内在变化,并能与之发生"交互"作用,使人和计算机很好地"融为一体",给人一种"身临其境"的感觉,可以实时、没有限制地观察三维空间内的事物。

虚拟现实是一项综合集成技术,涉及计算机图形学、人机交互技术、传感技术、人工智能、计算机仿真、立体显示、计算机网络、并行处理与高性能计算等技术和领域,它用计算机生成逼真的三维视觉、听觉、触觉等感觉,使人作为参与者通过适当的装置,自然地对虚拟世界进行体验和交互作用。使用者进行位置移动时,电脑可以立即进行复杂的运算,将精确的 3D 世界影像传回,产生临场感。中华人民共和国国务院 2006 年 2 月 9 日发布的《国家中长期科学和技术发展规划纲要(2006—2020 年)》中提到大力发展虚拟现实这一前沿技术,重点研究心理学、控制学、计算机图形学、数据库设计、实时分布系统、电子学和多媒体技术等多学科融合的技术,研究医学、娱乐、艺术与教育、军事及工业制造管理等多个相关领域的虚拟现实技术和系统。2009 年 2 月,美国工程院评出 21 世纪 14 项重大科学工程技术,虚拟现实技术是其中之一。

概括地说,虚拟现实是人们通过计算机对复杂数据进行可视化操作与交互的一种全新方式,与传统的人机界面以及流行的视窗操作相比,虚拟现实在技术思想上有了质的飞跃。虚拟现实中的"现实"是泛指在物理意义上或功能意义上存在于世界上的任何事物或环境,它可以是实际上可实现的,也可以是实际上难以实现的或根本无法实现的。而"虚拟"是指用计算机生成的意思。因此,虚拟现实是指用计算机生成的一种特殊环境,人可以通过使用各种特殊装置将自己"投射"到这个环境中,并操作、控制环境,实现特殊的目的,即人是这种环境的主宰。虚拟现实不但在军事、医学、设计、考古、艺术以及娱乐等诸多领域得到越来越多的应用,而且带来巨大的经济效益。在某种意义上说它将改变人们的思维方式,甚至会改变人们对世界、自己、空间和时间的看法。它是一项发展中的、具有深远的潜在应用方向的新技术,正成为继理论研究和实验研究之后第三种认识、改造客观世界的重要手段,通过虚拟环境所保证的真实性,用户可以根据在虚拟环境中的体验,对所关注的客观世界中发生的事件做出判断和决策,虚拟现实开辟了人类科研实践、生产实践和社会生活的崭新图式。

虚拟现实概念和研究目标的形成与相关科学技术,特别是计算机科学技术的发展密切相关。计算机的出现给人类社会的许多方面都带来极大的冲击,它的影响力远远地超出了技术的范畴。计算机的出现和发展已经在几乎所有的领域都得到了广泛的应用,甚至可以说计算机已经成为现代科学技术的支柱。当我们对目前已取得的信息技术的成就进行分析时,既要充分肯定历史上的各种计算机所发挥过的重要作用,又要客观地认识到现有计算机应用的局限性和不足之处。人们目前使用冯·诺依曼结构的计算机,必须把大脑中部分属于并发的、联想的、形象的和模糊的思维强行翻译成计算机所能接受的串行的、刻板的、明确的和严格遵守形式逻辑规则的机器指令,这种翻译过程不仅是十分繁琐和机械的,而且技巧性很强,同时还要因不同的机器而异。机器所能接受和处理的也仅仅是数字化的信息,未受过专业化训练的一般用户仍很难直接使用这种计算机。因此,在真正向计算机提出需求的用户和计算机系统之间存在着一条鸿沟,被求解的问题越综合、越形象、越直觉、越模糊,则用户和计算机之间的鸿沟就越宽。人们从主观愿望出发,十分迫切地想与计算机建立一个和谐的人机环境,使我们认识客观问题时的认识空间与计算机处理问题时的处理空间尽可能地一致。把计算机只善于处理数字化的单维信息改变为计算机也善于处理人能所感受到的、在思维过程中所接触到的、除了数字化信息之外的其他各种表现形式的多维信息。

计算机科学工作者有永恒的三大追求目标:使计算机系统更快速、更聪明和更适人。硬件技术仍将得到飞速的发展,但已不是单纯地提高处理速度,而是在提高处理速度的同时,更着重于提高人与信息社会的接口能力。正如美国数学家、图灵奖得主 Richard Hamming 所言:计算的目的是洞察,而不是数据[①]。人们需要以更直观的方式去观察计算结果、操纵计算结果,而不仅仅是通过打印输出或屏幕窗口显示计算结果的数据。另一方面,传统上人们通过诸如键盘、鼠标、打印机等设备向计算机输入指令和从计算机获得计算结果。为了使用计算机,人们不得不首先熟悉这些交互设备,然后将自己的意图通过这些设备间接地传给计算机,最后以文字、图表、曲线等形式得到处理结果。这种以计算机为中心、让用户适应计算机的传统的鼠标、键盘、窗口等交互方式严重地阻碍了计算机的应用。随着计算机技术的发展,交互设备的不断更新,用户必须重新熟悉新的交互设备。实际上,人们更习惯于日常生活中的人与人、人与环境之间的交互方式,其特点是形象、直观、自然,通过人的多种感官接受信息,如可见、可听、可说、可摸、可拿等,这种交互方式也是人所共有的,对于时间、地点的变化是相对不变的。为了建立起方便、自然的人

---

① The purpose of computing is insight, not numbers.

与计算机的交互环境,就必须适应人类的习惯,实现人们所熟悉和容易接受的形象、直观和自然的交互方式。人不仅仅要求能通过打印输出或显示屏幕上的窗口,从外部去观察处理的结果,而且要求能通过人的视觉、听觉、触觉、嗅觉,以及形体、手势或口令,参与到信息处理的环境中去,从而获得身临其境的体验。这种信息处理系统已不再是建立在一个单维的数字化信息空间上,而是建立在一个多维化的信息空间中,建立在一个定性和定量相结合,感性认识和理性认识相结合的综合集成环境中。Myron Krueger 研究"人工现实"的初衷就是"计算机应该适应人,而不是人适应计算机",他认为人类与计算机相比,人类的进化慢得多,人机接口的改进应该基于相对不变的人类特性。

目前 CPU 的处理能力已不是制约计算机应用和发展的障碍,最关键的制约因素是人机交互技术(Human-Computer Interaction, HCI)。人机交互是研究人(用户、使用者)、计算机以及它们之间相互影响的技术;人机界面(User Interface)是人机交互赖以实现的软硬件资源,是人与计算机之间传递、交换信息的媒介和对话接口。人机交互技术是和计算机的发展相辅相成的,一方面计算机速度的提高使人机交互技术的实现变为可能,另一方面人机交互对计算机的发展起着引领作用。正是人机交互技术造就了辉煌的个人计算机时代(20 世纪八九十年代),鼠标、图形界面对 PC 的发展起到了巨大的促进作用。人机界面是计算机系统的重要组成部分,它的开发工作量占系统的 40%～60%。在虚拟现实技术中,人机交互不再仅仅借助键盘、鼠标、菜单,还采用头盔、数据手套和数据衣等,甚至向"无障碍"的方向发展,最终的计算机应能对人体有感觉,聆听人的声音,通过人的所有感官传递反应。虚拟现实技术采用人与人之间进行交流的方式(而不是以人去适应计算机及其设备的方式)实现人与机器之间的交互,根本上改变人与计算机系统的交互操作方式。

自 20 世纪 80 年代以来,随着计算机技术、网络技术等新技术的高速发展及应用,虚拟现实技术发展迅速,并呈现多样化的发展势态,其内涵已经大大扩展。现在,虚拟现实技术不仅指那些高档工作站、头盔式显示器等一系列昂贵设备采用的技术,而且包括一切与其有关的具有自然交互、逼真体验的技术与方法。虚拟现实技术的目的在于达到真实的体验和面向自然的交互,因此,只要是能达到上述部分目标的系统就可以称为虚拟现实系统。

1.2 虚拟现实技术的特征

虚拟现实是人们通过计算机对复杂数据进行可视化、操作以及实时交互的环境。与传统的计算机人—机界面(如键盘、鼠标、图形用户界面以及流行的 Windows 等)相比,虚拟现实无论在技术上还是思想上都有质的飞跃。传统的人—机界面将用户和计算机视为两个独立的实体,而将界面视为信息交换的媒介,由用户把要求或指令输入计算机,计算机对信息或受控对象做出动作反馈。虚拟现实则将用户和计算机视为一个整体,通过各种直观的工具将信息进行可视化,形成一个逼真的环境,用户直接置身于这种三维信息空间中自由地使用各种信息,并由此控制计算机。1993 年 Grigore C. Burdea 在 Electro 93

国际会议上发表的"Virtual Reality System and Application"一文中,提出了虚拟现实技术的三个特征,即:沉浸性、交互性、构想性,如图 1-1 所示。

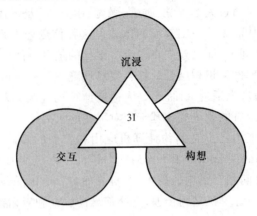

图 1-1　虚拟现实的 3I 特征

1.2.1　沉浸性

沉浸性(Immersion)又称临场感,指用户感到作为主角存在于模拟环境中的真实程度。虚拟现实技术根据人类的视觉、听觉的生理心理特点,由计算机产生逼真的三维立体图像,在使用者戴上头盔显示器和数据手套等设备后,便将自己置身于虚拟环境中,并可与虚拟环境中的各种对象相互作用,感觉十分逼真,就如同沉浸于现实世界中一般。理想的模拟环境应该使用户难以分辨真假,使用户全身心地投入到计算机创建的三维虚拟环境中,该环境中的一切看上去是真的,听上去是真的,动起来是真的,甚至闻起来、尝起来等一切感觉都是真的,如同在现实世界中的感觉一样。

1.2.2　交互性

交互性(Interactivity)是指用户对模拟环境内物体的可操作程度和从环境得到反馈的自然程度(包括实时性)、虚拟场景中对象依据物理学定律运动的程度等,它是人机和谐的关键性因素。用户进入虚拟环境后,通过多种传感器与多维化信息的环境发生交互作用,用户可以进行必要的操作,虚拟环境中做出的相应响应,亦与真实的一样。例如,用户可以用手去直接抓取模拟环境中虚拟的物体,这时手有握着东西的感觉,并可以感觉物体的重量,视野中被抓的物体也能立刻随着手的移动而移动。

人机交互是指用户与计算机系统之间的通信,它是人与计算机之间各种符号和动作的双向信息交换。这里的"交互"定义为一种通信,即信息交换,而且是一种双向的信息交换,可由人向计算机输入信息,也可由计算机向使用者反馈信息。这种信息交换的形式可以采用各种方式出现,如键盘上的击键、鼠标的移动、现实屏幕上的符号或图形等,也可以用声音、姿势或身体的动作等。人机界面(也称为用户界面)是指人类用户与计算机系统之间的通信媒体或手段,它是人机双向信息交换的支持软件和硬件。这里的"界面"定义为通信的媒体或手段,它的物化体现是有关的支持软件和硬件,如带有鼠标的图形显示终端。人机交互是通过一定的人机界面来实现的,在界面开发中有时把它们作为同义词使用。美国布朗大学 Andries van Dam 教授认为,人机交互的历史可以分为四个阶段,如图 1-2 所示:第一个阶段在 1950 年到 1960 年,计算机以批处理方式执行,主要的操作设备是打孔机和读卡机;第二个阶段从 1960 年一直到 20 世纪 80 年代早期,计算机以分时方式执行,主要的界面是命令行界面;第三个阶段大致从 20 世纪 70 年代早期直到现在仍然还在发展,主要的界面是图形用户界面,主要以鼠标操作那些使用桌面隐喻的界面,界面元素有窗口、菜单、图标等;第四个阶段除了有图形用户界面之外,如姿势识别、语音识别等的先进交互技术的广泛应用,实际上即为所谓的 Post-WIMP 界面。虚拟现实的交互性主要体现在对 Post-WIMP 界面的进一步发展上,是一种以人为中心,自然和谐、高效的人机交互技术。

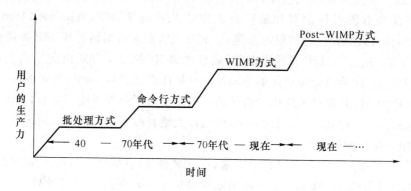

图 1-2　用户界面的发展

(1) 批处理方式

在计算机发展的初期,人们通过批处理的方式使用计算机,这一阶段的用户界面是通过打孔纸带与计算机进行的交互,输入设备是穿孔卡片,输出设备是行式打印机,对计算机的操作和调试,是通过计算机控制面板上的开关、按键和指示灯来进行。当时人机界面的主要特点是由设计者本人(或部门同事)来使用计算机,采用手工操作和依赖二进制机器代码的交互方式,这只是用户界面的雏形阶段。

(2) 命令行方式

20 世纪 50 年代中期,通用程序设计语言的出现为计算机的广泛应用提供了极为重要的工具,也改善了人与计算机的交互。这些语言中逐渐引入了不同层次的自然语言特性,人们可以较为容易地记忆这些语言。在人机界面上出现了用于多任务批处理的作业控制语言(JCL)。1963 年麻省理工学院成功地研发了第一个分时系统 CTSS,并采用多个终端和正文编辑程序,它比以往的卡片或纸带输入更加方便和易于修改。尤其是在出现交互显示终端后,广泛采用了"命令行"(Command Line Interface,CLI)作业语言,极大地方便了程序员。这一阶段的人机界面特点是计算机的主要使用者——程序员可采用正文和命令的方式和计算机打交道,虽然要记忆许多命令和熟练地敲键盘,但已经可用较多的手段来调试程序,并且了解计算机执行的情况。命令行界面概念模型如图 1-3 所示。

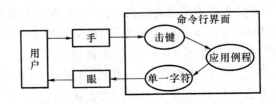

图 1-3　命令行界面概念模型

（3）图形用户界面

为了摆脱需要记忆和输入大量键盘命令的负担，同时由于超大规模集成电路的发展、高分辨率显示器和鼠标的出现，人机界面进入了图形用户界面（Graphical User Interface，GUI）的时代。20 世纪 70 年代，Xerox 公司和 PARC 研究机构研究出第三代用户界面的雏形，即在装备有图形显示器和鼠标的工作站上采用 WIMP（Window，Icon，Menu，Pointing Device）式界面，通过"鼠标加键盘"的方式实现人机对话。WIMP 界面概念模型如图 1-4 所示。这种 WIMP 式界面以及"鼠标加键盘"的交互方式使交互效率和舒适性都有了很大提高，随后 Apple 公司的 Macintosh 操作系统、Microsoft 公司的 Windows 系统和 Unix 中的 Motif 窗口系统也纷纷效仿。由于图形用户界面使用简单，不懂计算机程序的普通用户也可以熟练地使用计算机，因而极大地开拓了计算机的使用人群，使之成为近二十年中占统治地位的交互方式。

图形用户界面的主要特点是桌面隐喻、WIMP 技术、直接操纵和所见即所得。

桌面隐喻（Desktop Metaphor）：界面隐喻（Metaphor）是指用现实世界中已经存在的事物为蓝本，对界面组织和交互方式的比拟。将人们对这些事物的知识（如与这些事物进行交互的技能）运用到人机界面中来，从而减少用户必需的认知努力。界面隐喻是指导用户界面设计和实现的基本思想。桌面隐喻采用办公的桌面作为蓝本，把图标放置在屏幕上，用户不用键入命令，只需要用鼠标选择图标就能调出一个菜单，用户可以选择想要的选项。

WIMP 技术：WIMP 界面可以看作是命令行界面后的第二代人机界面，是基于图形方式的。WIMP 界面蕴含了语言和文化无关性，并提高了视觉搜索效率，通过菜单、小装饰（Widget）等提供了更丰富的表现形式。

直接操纵：直接操纵用户界面（Direct Manipulation User Interface）是 Schneiderman 在 1983 年提出来的，特点是对象可视化、语法极小化和快速语义反馈。在直接操纵形式下，用户是动作的指挥者，处于控制地位，从而在人机交互过程中获得完全掌握和控制权，同时系统对于用户操作的响应也是可预见的。

所见即所得（WYSIWYG）：也称为可视化操作，使人们可以在屏幕上直接正确地得到即将打印到纸张上的效果。所见即所得向用户提供了无差异的屏幕显示和打印结果。

现有的 WIMP 界面完全依赖手控制鼠标和键盘的操作，手的交互负担很大，身体的其他部位无法有效参与到交互中来，而且交互过程仍然限制在二维平面，与真实世界的三维交互无法完全对应。随着计算技术的发展，人们对人机交互的方式不断提出更高的要求，希望以更自然舒适，更符合人自身习惯的方式与计算机进行交互，而且希望不再局限于桌面的计算环境。Andries Van Dam 于 1997 年提出了 Post-WIMP 的用户界面，他指出 Post-WIMP 界面是至少包含了一项不基于传统的 2D 交互组件的交互技术的界面。基于以用户为中心的界面设计思想,力求为人们提供一个更为自然的人机交互方式。利用人的多种感觉通道和动作通道(如语音、手写、表情、姿势、视线、笔等输入),以并行、非精确的方式与计算机系统进行交互,可以提高人机交互的自然性和高效性,这种 Post-WIMP 界面更加适合人与虚拟环境的交互。目前,语音和手写输入在实用化方面已有很大进展,随着模式识别、全息图像、自然语言理解和新的传感技术的发展,人机界面技术将进一步朝着计算机主动感受、理解人的意图方向发展。以三维、沉浸感的逼真输出为标志的虚拟现实系统是多通道界面的重要应用目标。

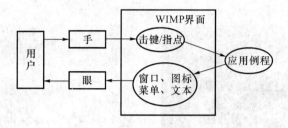

图 1-4　WIMP 界面概念模型

1.2.3　构想性

构想性(Imagination)是指强调虚拟现实技术应具有广阔的可想像空间,可拓宽人类认知范围,不仅可再现真实存在的环境,也可以随意构想客观不存在的甚至是不可能发生的环境。用户沉浸在"真实的"虚拟环境中,与虚拟环境进行了各种交互作用,从定性和定量综合集成的环境中得到感性和理性的认识,从而可以深化概念,萌发新意,产生认识上的飞跃。因此,虚拟现实不仅仅是一个用户与终端的接口,而且可以使用户沉浸于此环境中获取新的知识,提高感性和理性认识,从而产生新的构思。这种构思结果输入到系统中去,系统会将处理后的状态实时显示或由传感装置反馈给用户。如此反复,这是一个学习—创造—再学习—再创造的过程,因而可以说,虚拟现实是启发人的创造性思维的活动。

由于沉浸性、交互性和构想性三个特性的英文单词的第一个字母均为 I,所以这三个特性又通常被统称为 3I 特性。虚拟现实的三个特性生动地说明虚拟现实对现实世界不仅是在三维空间和一维时间的仿真,而且是对自然交互方式的虚拟。具有 3I 特性的完整虚拟现实系统不仅让人达到身体上完全的沉浸,而且精神上也是完全地投入其中。

1.3　虚拟现实技术的发展历程

虚拟现实的技术可以追溯到军事模拟,最初的模拟是用来训练飞行员能熟悉地掌握平时和紧急情况下的飞行环境,其实际的训练是通过将飞行员放在一个虚拟的环境中来完成的。这种模拟不仅用来培训喷气式飞机的飞行员,还可以用来培训操纵坦克、武器和其他设备的军事人员。艾德温·林克（Edwin A. Link）是飞行模拟器的先驱。1904 年出生，24 岁时林克开始学习飞行，同期开始研制飞行训练器。他的家族工厂主要生产钢琴和管风琴。1929 年，他运用相关技术制作了一台飞行训练器，可提供俯仰、滚转与偏航等飞行动作，乘坐者的感觉和坐在真的飞机上是一样的。这是世界上最早的飞行模拟器，因为模拟座舱被漆成蓝色，所以被称作"蓝盒子"。在第二次世界大战期间，Link 公司生产了上万台的"蓝盒子"，大约每 45 分钟生产一架，被用来培训新飞行员，大约有 30 多个国家的 50 万名飞行员在林克机上进行过训练。如图 1-5 至图 1-7 所示为 19 世纪 40 年代，美国空军在 C-3 Link Trainer 中进行飞行模拟，教官通过电话发出指令，学员根据指令对模拟器进行相应的控制。

图 1-5　二战中美国空军基地的"蓝盒子"

图 1-6　加拿大西部航空博物馆中的"蓝盒子"

图 1-7　C-3 Link Trainer

美国多媒体专家 Morton Heileg 在 1955 年发表论文"The Cinema of the Future"，认为电影院能够同时提供各种感知，使观众得到更真实的体验。1957 年，Morton Heileg 研发了一种称为 Sensorama 的机器，内置 5 部较短的配套电影，是已知最早的沉浸式、多通道（multimodal）技术的具体应用之一，如图 1-8 所示。1992 年 Howard Rheingold 在其"*Virtual Reality*"一书中描述了使用 20 世纪 50 年代生产的 Sensorama 机器的体验：骑车漫游纽约的布鲁克林区，不仅具有三维立体视频及立体声效果，还能产生振动、风吹的感觉及城市街道的气味，给人非常深刻的印象。1962 年，Morton Heilig 的专利"全传感仿真器"的发明,有振动、声的感觉。该专利也蕴涵了虚拟现实技术的思想,在一些文献中Morton Heilig 也被称为虚拟现实之父。Sensorama 是机械式的设备,而非数字化系统,只允许一个观众观看,不能交互。

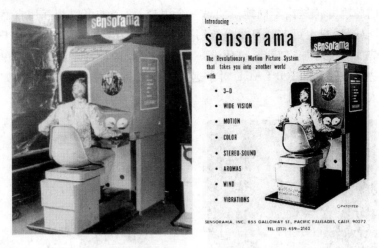

图 1-8　Sensorama 及其广告

　　1965 年,由美国的计算机科学家、计算机图形学的奠基者苏泽兰(Ivan Sutherland)发表了一篇名为《终极显示》(The Ultimate Display)的论文。他认为,计算机生成的图像应该非常逼真,以至于计算机生成的场景与真实生活的场景毫无二致。Sutherland 的这篇文章给计算机界提出了一个具有挑战性的目标,人们把这篇论文称为研究虚拟现实的开端,因此苏泽兰被称为计算机图形学之父、虚拟现实之父。1966 年,苏泽兰在麻省理工学院的林肯实验室开始研制"达摩克里斯之剑"头盔显示器(给用户戴的头盔显示器由于过于沉重,不得不将其悬吊在天花板上,系统因此而得名),它被认为是世界上第一个头盔显示器(Head Mounted Display,HMD),如图 1-9 所示。它由六个系统组成:一台 TX-2型电脑、一个限幅除法器、一个矩阵乘法器、一个矢量生成器、一个头盔和一个头部位位置传感器。为了使头盔显示器显示出图像,苏泽兰采用了阴极射线管。这个系统能够显示具有简单 3D 几何形状的线框图,用户看到的线框图叠加在真实环境之上。1968 年,苏泽兰在哈佛大学的组织下开发出第一个计算机图形驱动的头盔显示器,并且开发了与HMD 相配的头部位置跟踪系统。这个采用阴极射线管(CRT)作为显示器的 HMD 可以跟踪用户头部的运动,当用户移动位置或转动头部时,用户在虚拟世界中所在的"位置"和应看到的内容也随之发生变化。人们终于通过这个"窗口"看到了一个虚拟的、物理上不存在的,却与客观世界的物体十分相似的三维"物体"的线框图。1970 年,美国的 MIT 林肯实验室研制出了第一个功能较齐全的 HMD 系统。

　　看到虚拟物体的人们进一步想去控制这个虚拟物体,去触摸、移动、翻转这个虚拟物体。1971 年,Frederick Brooks 研制出具有力反馈的原型系统 Grope-II,用户通过操纵一个机械手设备,可以控制"窗口"里的虚拟机械手去抓取一个立体的虚拟物体,并且人手能够感觉到虚拟物体的重量。1975 年,Myron Krueger 提出"Artificial Reality"(人工现实)的概念,并演示了一个称为"Videoplace"的环境。用户面对投影屏幕,摄像机摄取的用户身影轮廓图像与计算机产生的图形合成后,在屏幕上投射出一个虚拟世界。同时用传感器采集用户的动作,来表现用户在虚拟世界中的各种行为。以 VIDEOPLACE 为原型的 VIDEO-DESK 是一个桌面 VR 系统。用户坐在桌边并将手放在上面,旁边有一架摄像机摄下用户手的轮廓并传送给不同地点的另一个用户,两个人可以相互用自然的手势进行信息交流。同样,用户也可与计算机系统用手势进行交互,计算机系统从用户手的轮廓图形中识别手势的含义并加以解释,以便进一步地控制。诸如打字、画图、菜单选择等操作均可以用手势完成。VIDEOPLACE 对于远程通信和远程控制很有价值,如用手势控制远处的机器人等。

图 1-9　Ivan Sutherland 及其头盔显示器

1983 年,美国国防部高级研究计划局(Defense Advanced Research Projects Agency, DARPA)和美国军队联合实施了仿真网络(Simulation Networking,SIMNET)计划,通过网络把地面车辆(坦克、装甲车)等模拟器连接在一起,形成一个逼真的虚拟战场,进行队组级的协同作战训练和演习。这个尝试的主要动因是为了减少训练费用,而且也为了提高安全性,另外也可减轻对环境的影响(爆炸和坦克履带会严重破坏训练场地)。这项计划的结果是产生了使在美国和德国的二百多个坦克模拟器联成一体的 SIMNET 模拟网络。每个 SIMNET 模拟器是一个独立的装置,它复现 M1 主战坦克的内部,包括导航设备、武器、传感器和显示器等。车载武器、传感器和发动机由车载计算机动态模拟,该计算机还包含整个虚拟战场(最初模拟的是在德国和中欧的 50 km×75 km 的战场,以后又增加了科威特战区)的数据库备份。所有这些数据库都准确地复现了当地的地形特点,包括植被、道路、建筑物、桥梁等。坦克乘员之间的通信是借助于车内通信系统实现的,而与其他模拟器之间的通信则通过远程网络由语音和电子报文实现。到 1990 年,这个系统包括了约 260 个地面装甲车辆模拟器和飞机飞行模拟器,以及通讯网络、指挥所和数据处理设备等,这些设备和人员分布在美国和德国的 11 个城市。通过这个系统可以训练军事人员和团组,也可对武器系统的性能进行研究和评估。这就是早期的分布交互式仿真系统 Distributed Interactive Simulation,DIS)。分布交互式仿真也称为先进分布仿真,是指以计算机网络为支持,用网络将分布在不同地理位置的不同类型的仿真实体对象联结起来,通过仿真实体之间的实时数据交换构成一个时空一致、大规模、多参与者协同作用的综合性仿真环境,以实现含人平台、非含人平台间的交互以及平台与环境间的交互,其主要特点体现在分布性、交互性、异构性、时空一致性和开放性等五个方面。

1984 年,麦格里威(M. McGreevy)和哈姆弗瑞斯(J. Humphries)开发了虚拟环境视觉显示器,将火星探测器发回地面的数据输入计算机,构造了三维虚拟火星表面环境。

不断提高的计算机硬件和软件水平,推动虚拟现实技术不断向前发展。1985 年,加州大学伯克利分校的麦格里威研制出一种轻巧的液晶 HMD,并且采用了更为准确的定位装置。同时,Jaron Lanier 与 J. Zimmermn 合作研制出一种称为 DataGlove 的弯曲传感数据手套,用来确定手与指关节的位置和方向。1986 年,美国航空航天管理局 NASA 下属的 Ames 研究中心(Ames Research Center)的 Scott Fisher 等人,基于头盔显示器、数据手套、语音识别与跟踪技术研制出一个较为完整的虚拟现实系统 VIEW(Virtual Interactive Environment Workstation),并将其应用于空间技术、科学数据可视化和远程操作等领域。VIEW 是一个复杂的系统,它由一组受计算机控制的 I/O 子系统组成。这些子系统分别提供虚拟环境所需的各种感觉通道的识别和控制功能。系统跟踪使用者头的位置和方向以达到变换视点的效果。同时,系统还跟踪并识别使用者手及手指的空间移动所形成的手势,来控制系统的行为。VIEW 的声音识别系统可让使用者用语言或声音向系统下达命令。1987 年,美国 Scientific American 发表文章,报道了一种称为 DataGlove 的虚拟手控器。DataGlove 是由 VPL 公司制造的一种光学屈曲传感手套,手套的背面安装有三维跟踪系统,这种手套可以确定手的方向以及各手指弯曲的程度。该文引起了公众的极大兴趣。

基于从 20 世纪 60 年代以来所取得的一系列成就,1989 年,美国 VPL 公司创始人之一 Jarn Lanier 正式提出"Virtual Reality"一词,被研究人员普遍接受,成为这一科学技术领域的专用名称。值得一提的是,虚拟现实在历史上曾有多种称呼,20 世纪 70 年代,M. W. Krueger 曾提出"人工现实(Artificial Reality, AR)",它用来说明由 Ivans Sutherland 在 1968 年开创的头盔式三维显示技术以来的许多人工仿真现实;在 1984 年,美国科幻作家 William Gibson 提出另一个词"电脑空间(Cyber Space)",它是指在世界范围内同时体验人工现实;类似的词还有人工环境(Artificial Environments)、人工合成环境(Synthetic Environments)、虚拟环境(Virtual Environments)。我国科学家钱学森、汪成为曾将 Virtual Reality 翻译为灵境。

20 世纪 90 年代一批用于虚拟现实系统开发的软件平台和建模语言出现。1989 年 Quantum 3D 公司开发了 Open GVS,1992 年 Sense8 公司开发了"WTK"开发包,为 VR 技术提供更高层次上的应用。1994 年在日内瓦召开的第一届 WWW 大会上,首次提出了 VRML,开始了虚拟现实建模语言相关国际标准的研究制定,后来又出现了大量的 VR 建模语言,如 X3D、Java3D 等。

1993 年 IEEE 通过了分布交互仿真 IEEE 1278 -DIS 标准。1995 年 10 月,美国国防部制定了一个建模与仿真主计划(Modeling and Simulation Master Plan,MSMP),这个计划明确了建模与仿真工作的发展目标,介绍和定义了建模与仿真的标准化过程,从而确保此过程的通用性、可重用性、可共享性和互操作性。这一目标代表了美国军方的建模与仿真的发展方向。美国军方为加速发展大型的分布式军用信息系统 C4ISR（Command，Control，Communication，Computers，Intelligence，Surveillance and Reconnaissance）系统，从高层管理机构开始，强调统一认识、统一行动，在规范化的系统框架下加速发展公共支持技术，提出了高层体系结构（High Lever Architecture，HLA）的概念。HLA 主要包括建模规则、模型模板等技术规范，并提供运行时的基本支撑环境，用于支持各类仿真器和仿真模型互操作的分布式仿真。从此，美国军事仿真办公室将研究重点逐渐从 DIS 转移到 HLA，并将 HLA 作为分布式虚拟战场环境和其他类似的军用仿真应用开发的基础。首次应用 HLA 体系结构的合成战场环境（Synthetic Threaten Of War，STOW）是由美国国防部高级研究计划局资助的分布交互仿真研究项目，于 1997 年 10 月成功地举行了大规模军事演习 STOW-97。该系统实现了高分辨率合成战场环境下（包括高分辨率的实体模型、高分辨率地形、高逼真度的环境效果和战场现象）的军事训练演习，演习涵盖了两栖作战、扫雷作战、战区导弹防御、空中打击、地面作战、特种作战、情报通信等各军兵种的作战任务。模拟的战场范围为 500 公里×750 公里，由分散在美、英两国的 5 个仿真站点组成，包括了 3 700 多个仿真平台、8 000 多个仿真实体对象。2000 年 IEEE 又通过了 IEEE P1516 HLA 标准，同年 HLA 1.3 成为美军有关系统的强制标准，推动了分布式虚拟现实系统的发展。

波音 777 飞机的设计是 VR 技术的应用典型实例，这是近年来引起科技界瞩目的一件工作。波音 777 飞机由 300 万个零件组成，所有的设计在一个由数百台工作站组成的虚拟环境中进行，设计师戴上头盔显示器后，可以穿行于设计中的虚拟"飞机"，审视"飞机"的各项设计指标。Caterprillar 公司与美国国家超级计算机应用中心合作，进行大型挖掘机的设计。VR 技术被用于对新设备的设计方案进行可视化的性能评估。设计人员可以操纵这个虚拟的大型挖掘机。并通过头盔显示器从各个不同角度观察新型机器在运行、操作、挖掘时的状况，以判断在实时运行中机器是否存在不灵活、不协调、不安全的地方。

美国芝加哥大学的电子可视化实验室和交互计算环境实验室应用 VR 技术创建了一个沉浸式的虚拟儿童乐园，取名为"NICE"。利用头盔显示器或其他三维显示设备，儿童可以在虚拟乐园中遨游太空、建造城市、探索海底、种植瓜果，甚至深入原子内部观察电子的运动轨迹。基于 VR 技术和高速网络的"虚拟美国国家艺术馆"能够使网上的参观者异地欣赏各种"展品"，获得目睹真实景物的感受。进入其中的"虚拟卢浮宫"，古典雅致的群楼、玻璃金字塔式的入口、女神维纳斯的雕像、栩栩如生的"蒙娜丽莎"体现出虚拟现实技术的魅力。

美国的 NASA 和 ESA（欧洲空间局）成功地将 VR 技术应用于航天运载器的空间活动、空间站的自由操作和对哈勃望远镜维修的训练中。1993 年 11 月，在第一次执行哈勃任务时，借助于相关 VR 系统的有力支持，宇航员在实验中成功地从航天飞机的运输舱内取出新的望远镜面板，替换已损坏的 MRI 面板。1997 年 7 月美国 NASA 的 JPL 实验室，根据被"火星探路者"送到火星上的"旅居者"火星车发回来的数据，建立了一个描述火星地形地貌的虚拟火星环境。地面控制人员在虚拟火星环境中控制和操作火星上的"旅居者"离开航天器的跳板，逼近火星上的岩石，进行探测和采样，不断向地面发送火星数据。

增强现实(Augmented Reality,AR),又称增强型虚拟现实(Augmented Virtual Reality),是虚拟现实技术的进一步拓展,它借助必要的设备使计算机生成的虚拟环境与客观存在的真实环境(Real Environment,RE)共存于同一个增强现实系统中,从感官和体验效果上给用户呈现出虚拟对象(Virtual Object)与真实环境融为一体的增强现实环境。增强现实技术具有虚实结合、实时交互、三维注册的新特点,是正在迅速发展的新研究方向。加拿大多伦多大学的 Milgram 是早期从事增强现实研究的学者之一,他根据人机环境中计算机生成信息与客观真实世界的比例关系,提出了一个虚拟环境与真实环境的关系图谱。美国北卡罗来纳大学的 Bajura 和南加州大学的 Neumann 研究基于视频图像序列的增强现实系统,提出了一种动态三维注册的修正方法,并通过实验展示了动态测量和图像注册修正的重要性和可行性。美国麻省理工大学媒体实验室的 Jebara 等研究实现了一个基于增强现实技术的多用户台球游戏系统。根据计算机视觉原理,他们提出了一种基于颜色特征检测的边界计算模型,使该系统能够辅助多个用户进行游戏规划和瞄准操作。

虚拟现实技术带来了人机交互的新概念、新内容、新方式和新方法,使得人机交互的内容更加丰富、形象,方式更加自然、和谐。虚拟现实技术的一些成功应用越来越显示出,进入 21 世纪以后,其研究和应用水平将会对一个国家的国防、经济、科研与教育等方面的发展产生更为直接的影响。因此,自 20 世纪 80 年代以来,美、欧、日等发达国家和地区均投入大量的人力和资金对虚拟现实技术进行了深入的研究,使之成为了信息时代一个十分活跃的研究方向。

虚拟现实技术是一个综合性很强的,有着巨大应用前景的高新科技,已引起政府有关部门和科学家们的关心和重视。国家攻关计划、国家 863 高技术发展计划、国家 973 重点基础研究发展规划和国家自然科学基金会等都把 VR 列入了重点资助范围。我国军方对 VR 技术的发展关注较早,而且支持研究开发的力度也越来越大。国内一些高等院校和科研单位,陆续开展了 VR 技术和应用系统的研究,取得了一批研究和应用成果。其中有代表性的工作之一是在国家 863 计划支持下,由北京航空航天大学虚拟现实与可视化新技术研究所(现虚拟现实技术与系统国家重点实验室)作为集成单位研究开发的分布式虚拟环境 DVENET(Distributed Virtual Environment NETwork)。DVENET 以多单位协同仿真演练为背景,全面开展了 VR 技术的研究开发和综合运用,初步建成一个可进行多单位异地协同与对抗仿真演练的分布式虚拟环境。

1.4　虚拟现实系统的构成

构建一个虚拟现实系统的根本目标是利用并集成高性能的计算机软硬件及各类先进的传感器,通过计算机图形构成的三度空间,或是把其他现实环境编制到计算机中去创设逼真的"虚拟环境",创建一个使参与者处于一个具有身临其境的沉浸感、具有完善的交互作用能力、能帮助和启发构思的信息环境。典型的虚拟现实系统有五个关键部分:虚拟世界、虚拟现实软件、计算机、输入和输出设备,如图1-10所示。

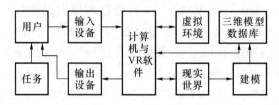

图1-10 虚拟现实系统的一般组成

虚拟世界是计算机根据用户任务的要求,在虚拟现实软件和数据库的支持下处理和产生多维化和适人化的虚拟环境,使用户具有身临其境的沉浸感和交互作用能力,可以从任意角度连续地观看和考察。计算机负责虚拟世界的生成和人机交互的实现,是系统的心脏。由于虚拟世界本身具有高度复杂性,尤其在大规模复杂场景中,如航空航天世界的模拟、大型建筑物的立体显示、复杂场景的建模等,生成虚拟世界所需要的计算量极为巨大,因此对虚拟现实技术系统中的计算机配置提出了极高的要求。通常可分为基于高性能个人计算机、基于高性能图形工作站、高度并行的计算机及基于分布式结构的计算机系统等。“逼真”是衡量虚拟环境的重要指标,因此,为产生虚拟环境所需的图像、减少延迟,图形处理能力和实时性成为计算机的关键,高性能的CPU和图形加速部件成为虚拟现实系统中计算机的基本硬件。由中国人民解放军国防科学技术大学研制的天河一号超级计算机包含2 560个加速结点,每个加速结点含两个英伟达公司生产的GPU,如图1-11所示。在2010年11月14日国际TOP500组织网站上公布的全球超级计算机前500强排行榜中,千万亿次超级计算机系统“天河一号”超越美国橡树岭国家实验室研制的“美洲豹”超级计算机,排名第一。

图1-11 “天河一号”超级计算机系统

虚拟现实系统的应用软件涉及建模、物理仿真、碰撞检测等,主要功能有:虚拟世界中物体的几何模型、物理模型、行为模型的建立,三维立体声的生成,模型管理技术及实时立体显示技术、虚拟世界数据库的建立与管理等。虚拟世界数据库主要存放整个虚拟世界中所有物体的各方面信息,如三维模型等。对用户的交互操作,必要时系统会更新虚拟环境数据库。

在虚拟现实系统中,为了实现人与虚拟世界的自然交互,必须采用特殊的输入输出设备,以识别用户各种形式的输入,并实时生成相应的反馈信息,涉及跟踪系统、图像显示、声音、力觉和触觉反馈等。常用的方式为采用数据手套和空间位置跟踪定位设备,感知运动物体的位置及旋转方向的变化,通过立体显示设备产生相应的图像和声音。通常头盔式显示器中配有空间位置跟踪定位设备，当用户头部的位置发生变化时，空间位置跟踪定位设备检测到位置发生的相应变化，从而通过计算机得到物体运动位置等参数，并输出相应的具有深度信息及宽视野的三维立体图像和生成三维虚拟立体声音。

新型的输入输出装置发展很快，如可以实现三维立体显示的英伟达精视立体幻镜（GeForce 3D Vision）、头盔显示器、三维打印机、力反馈设备、测量眼球运动的眼动仪、三维鼠标、三维扫描仪、实现手姿态输入的数据手套、用于人体姿势输入的数据衣等。目前输入输出设备存在价格昂贵、效果一般等问题，比如，头盔显示器重量大（通常约 1.5～2 kg）、分辨力低、延迟时间长、刷新频率低、跟踪准确度低；而数据手套、数据衣也存在分辨力低、延迟大、使用不便等问题。

当用户通过输入输出设备与虚拟环境交互，而与现实世界不产生直接交互时，这类虚拟现实系统称为封闭式虚拟现实系统。在某些虚拟现实系统中，用户希望与虚拟环境之间的交互可以对现实世界产生作用，此类系统称为开放式虚拟现实系统。开放式虚拟现实系统可以通过传感器与现实世界构成反馈闭环，从而可以达到利用虚拟环境对现实世界进行直接操作或者遥控操作的目的。

如图 1-12 所示的是一个典型的虚拟现实系统的构成，它由计算机、头盔式显示器、数据手套、力反馈装置、话筒、耳机等设备组成。该系统首先由计算机生成一个虚拟世界，由头盔式显示器输出一个立体的显示。将空间位置跟踪定位设备跟踪到的用户头的转动、数据手套测算得到的手的移动和姿态数据、语音识别得到的口头指令等数据输入计算机，与虚拟世界进行自然而和谐的人机交互。计算机根据用户输入的各种信息实时进行计算，即刻对交互行为进行反馈。由头盔式显示器更新相应的场景显示，由耳机输出虚拟立体声音、由力反馈装置产生触觉（力觉）反馈。

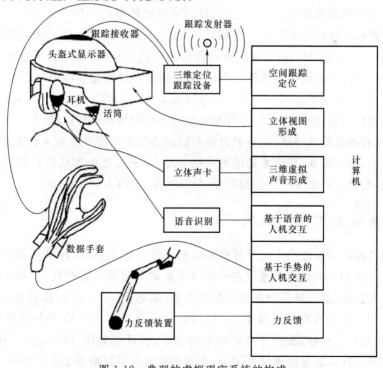

图 1-12　典型的虚拟现实系统的构成

1.5　虚拟现实系统的分类

虚拟现实系统按照不同的标准有许多种分类方法。按沉浸程度来分,可分为非沉浸式、部分沉浸式、完全沉浸式虚拟现实系统;按用户沉浸方式来分,可分为视觉沉浸式、触觉沉浸式和体感沉浸式;按用户参与的规模来分,可分为单用户式、集中多用户式和大规模分布式系统等。1994 年,保罗·米尔格拉姆(Paul Milgram)和岸野文郎(Fumio Kishino)提出了虚实统一体(Reality-Virtuality Continuum)的概念,如图 1-13 所示,其中的现实环境(Real Environment,RE)指真实存在的现实世界,虚拟环境(Virtual Environment,VE)指由计算机生成的虚拟世界,增强现实(Augmented Reality,AR)指在现实世界中叠加上虚拟对象,增强虚拟(Augmented Virtuality,AV)指在虚拟世界中叠加上现实对象,混合现实(Mixed Reality,MR)由 AR 和 AV 组成,虚实统一体由 RE、AR、AV 和 VE 组成。他们将真实环境和虚拟环境分别作为连续统一的两端,位于它们中间的为混合实境,其中靠近真实环境的是增强现实,靠近虚拟环境的则是增强虚拟。

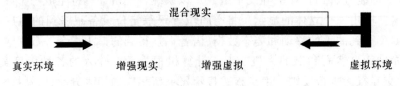

图 1-13　虚实统一体

沉浸性是虚拟现实的三大特性之一,目前使用比较多的一种分类方法是既按沉浸程度又按用户规模进行的分类方法。大致分为桌面虚拟现实系统(Desktop VR),沉浸虚拟现实系统(Immersive VR)、增强现实或混合现实系统、分布式虚拟现实系统(Distributed VR)。由于虚拟现实系统的软硬件成本较高,应根据不同用途和需要配置不同的系统,达到不同的沉浸感,避免系统因过于复杂而导致成本太高。例如,用于产品外形造型设计的分布式协同设计系统,重点在于三维数据的快速远程传输和实时渲染,显示高质量的立体图像,而听觉和触觉要求较低,用普通鼠标和键盘进行操作即可达到人机交互的目的。而在虚拟维修中,除图像外,要求多通道的人机交互,以更自然的方式进行机器设备的拆装和维护,需要配备六自由度的空间跟踪器、数据手套、虚拟头盔等。

1.5.1　桌面虚拟现实系统

桌面虚拟现实系统使用个人计算机和低档工作站实现仿真,计算机的屏幕作为参与者观察虚拟环境的一个窗口。通过多种外部设备来与虚拟环境交互,并用于操纵在虚拟场景中的各种物体,这些外部设备包括数据手套、眼动仪、三维鼠标、跟踪球、游戏操纵杆、力矩球等。用户虽然坐在监视器前,却可以通过计算机屏幕观察 360°范围内的虚拟世界,可通过交互操作平移、旋转虚拟环境中的物体,也可以利用 Through Walk 功能在虚拟环境中漫游。在桌面虚拟现实系统中,立体视觉效果可以增加沉浸的感觉,一些廉价的三维眼镜和立体观察器、液晶立体眼镜等往往会被采用。声音对任何类型的虚拟现实系统都是很重要的附加因素,是一种重要的人机交互通道。声卡和内部信号处理电路可以用廉价的硬件产生真实性很强的效果。桌面虚拟现实系统常常采用耳机或立体声音箱作为声音的输出设备。有时为了增强桌面式 VR 系统的效果,在桌面式 VR 系统中还可以加入专业的投影设备,以达到增大屏幕观看范围的目的。如图 1-14 所示为一个桌面虚拟现实系统。

图 1-14　桌面虚拟现实系统

　　桌面虚拟现实系统和沉浸虚拟现实系统之间的主要差别在于参与者身临其境的程度,这也是它们在系统结构、应用领域和成本上都大不相同的原因。参与者坐在监视器前面,通过屏幕观察范围内的虚拟环境,但参与者并没有完全沉浸,因为他仍然会感觉到周围现实环境的干扰。有人认为,如果虚拟现实系统不是沉浸式的,就不能算是真正的虚拟现实,这种争论将持续下去。桌面虚拟现实系统虽然缺乏头盔显示器的那种完全沉浸功能,但因为成本和价格相对来说比较低,使得桌面虚拟现实系统在各种专业应用中具有生命力,特别是在工程、建筑和科学研究领域内。作为开发者和应用者来说,从成本等角度考虑,采用桌面虚拟现实系统往往被认为是从事虚拟现实技术研究工作的初始阶段。

　　常见的桌面虚拟现实技术有:苹果公司推出的基于静态图像的虚拟现实 QTVR (QuickTime Virtual Reality),将连续拍摄的图像和视频在计算机中拼接起来,从而建立实景化的虚拟空间;虚拟现实造型语言 VRML,采用描述性的文本语言描述基本的三维物体的造型,通过一定的控制,将这些基本的三维造型组合成虚拟场景,当浏览器浏览这些文本描述信息时,在本地进行解释执行,生成虚拟的三维场景。

1.5.2　沉浸虚拟现实系统

　　沉浸虚拟现实系统提供完全沉浸的体验与丰富的交互手段,使用户有一种完全置身于虚拟世界之中的感觉。它通常采用头盔式显示器、洞穴式立体显示等设备,把参与者的视觉、听觉和其他感觉封闭起来,有效屏蔽周围现实环境,并提供一个新的、虚拟的感觉空间,利用空间位置跟踪定位设备、数据手套、其他手控输入设备、声音设备等使得参与者产生一种完全投入并沉浸于其中的感觉,具有高度的实时性和沉浸感,能支持多种输入和输出设备并行工作,是一种高级的、较理想的虚拟现实系统。但许多用户在使用这种 VR 系统时,会产生眩晕、恶心、头痛等不适症状。沉浸虚拟现实系统如图 1-15 所示。

图 1-15 沉浸虚拟现实系统

桌面虚拟现实系统与沉浸虚拟现实系统之间的主要区别在于参与者身临其境的程度。桌面虚拟现实系统使用彩色显示器和三维立体眼镜来增加身临其境的感觉,沉浸虚拟现实系统则采用头盔显示器等具有封闭特点的设备,屏蔽掉周围的现实环境,使得参与者有一种被虚拟环境包围的感觉。沉浸虚拟现实系统的设备一般都比较昂贵,一般仅供大公司、政府以及大学使用。常用的沉浸虚拟现实系统包括基于头盔显示器的系统、洞穴(CAVE)虚拟现实系统、投影式的虚拟现实系统、远程再现虚拟现实系统等。

(1)洞穴自动虚拟环境

洞穴自动虚拟环境(CAVE Automatic Virtual Environment)是一种完全沉浸虚拟现实系统,由电子视觉研究室(EVL)的 Carolina Cruz-Neira、Daniel J. Sandin 和 Tom DeFanti 于 1991 年共同提出,是伊利诺依斯大学芝加哥分校研究的一个课题。CAVE 所用的显示器是一个由四块或五块屏幕组成的立方体的后投影屏幕,是一个能产生沉浸感的立方空间,如图 1-16 所示。利用立体投影仪把图像信号直接(或通过反射镜反射后)投影到左、中、右三个墙面,地面(或天花板)也用同样的方法投射。这四个或五个面就构成了由计算机生成的约 3 m×3 m×3 m 的虚拟空间。它最多允许 10 个人完全投入该虚拟环境。其中一个人是向导,他戴上液晶立体眼镜,利用输入设备(如头盔显示器、位置跟踪器、6 自由度鼠标器、手持式操纵器等)控制虚拟环境;而其他的人使用同样的输入设备,都是被动观察者,他们只是一起前进。所有参与者都带上立体光闸眼镜观看显示器。

图 1-16 CAVE 系统示意图

（2）投影式 VR 系统

投影式 VR 系统也属于沉浸式虚拟环境，但又是另一种类型的虚拟现实经历，参与者实时地观看他们自己在虚拟环境中的形象并参与虚拟环境交互活动。为此使用了一种称为"蓝屏"的特殊效果，面对着蓝屏的摄像机捕捉参与者的形象，这类似于进行电视天气预报时投影一张地图那样的过程。实际上，蓝色屏幕特别适合于运动图像和电视，它可以将两个独立的图像组合成另外一个图像。

在投影式虚拟现实系统中摄像机捕捉参与者的形象，然后将这形象与蓝屏分离，并实时地将它们插入到虚拟境界中显示，再将参与者的形象与虚拟环境本身一起组合后的图像，投射到参与者前面的大屏幕上，这一切都是实时进行的，因而使得每个参与者都能够看到他自己在虚拟景物中的活动情况。在该系统内部的跟踪系统可以识别参与者的形象和手势，例如来回拍一个虚拟球，而且只通过手指就可以改变他们在虚拟环境中的位置，从而使得参与者可以控制该虚拟环境，并与该环境内的各个物体交互作用。一般情况下，参与者需要一个很短的学习过程，然后就能很快地、主动地参与该虚拟环境的活动。

投影式虚拟现实系统对一些公共场合是很理想的，例如艺术馆或娱乐中心，因为参与者不需要任何专用的硬件，而且还允许很多人同时享受一种虚拟现实的经历，如图 1-17 所示为中国电影博物馆中的虚拟现实体验。

图 1-17 中国电影博物馆中的虚拟现实体验

（3）远程再现虚拟现实系统

我们这里的远程再现是指远程存在和远程沉浸两类相似的虚拟现实系统。远程存在（Telepresence）也称为遥现、远程呈现，是一种用虚拟现实技术实现远程复杂控制的技术。高速的桌面计算机、数字摄像机和因特网使得沉浸式远程存在成为可能。远程存在将来自遥远地区的真实物理实体的三维图像与计算机生成的虚拟物体结合起来，是真实世界中物体及事件的实况"遥现"。它是一种虚拟现实技术，用户虽与某个真实场景相隔遥远，但可以通过计算机和电子装置获得足够的感觉显示和交互反馈，恰似身临其境，并可以介入对现场的遥操作。当在某处的操纵者操纵一个虚拟现实系统时，其结果却在远处的另一个地方发生。这种类型的投入要求使用一个立体头盔显示器和两台摄像机，可以提供视频通道。操作者的头盔显示器将它们组合成三维立体图像，这种图像使得操纵者有一种深度感，因而在观看虚拟环境时更清晰。有时操作者可以戴一个头盔，它与远地平台上的摄像机相连，也可以使用操纵杆或其他输入设备对其进行操作。输入设备中的位置跟踪器可以控制摄像机的方向、平移运动，甚至操纵臂或机械手；自动操纵臂可以将力反馈一并提供给操作者；有的还可以通过远地平台的话筒，获得听觉信息。

1996 年 10 月伊利诺斯州立大学芝加哥分校的电子可视化实验室 EVL（Electronic Visualization Laboratory）最早提出了"远程沉浸（Tele-immersion）"这个术语，用来描述具有沉浸感的一类遥现系统。远程沉浸建立在高速网络的基础上，是协同可视化环境 CVE（Collaborative Virtual Environments）、音频、视频会议以及超级计算机及海量数据存储的有机融合。远程沉浸是一种特殊的网络化虚拟现实环境，使用户可以跟远程的参与者共享一个虚拟空间，用户沉浸于一个从远程传输过来的渲染好的三维世界中。远程沉浸侧重人对虚拟环境的感受，遥现侧重人对远程虚拟场景的操作和控制能力，这里我们将远程沉浸和遥现统称为远程再现。

作为一种全新的人-机接口技术，虚拟现实的实质是使用户能与计算机产生的数据空间进行直观的、感性的、自然的交互。在这种意义下，远程存在回避了实时图形仿真技术目前的难点，即高质量彩色图形的生成和实时刷新。远程再现技术对于半自动机器人、无人驾驶车辆和恶劣工况下的各种遥操作等都具有很重要的应用前景。远程再现系统的一个典型应用是视频会议——通过把每位与会者的真实图像与虚拟会场结合起来，就可以让处于不同地区的与会者坐到同一张会议桌旁进行视频会议（从地理位置的分布性这一角度来看，该类应用也可以归为分布式虚拟现实系统）。

目前有两种比较常用也相对比较成熟的远程再现技术，一是大范围视频会议（Video Conference），二是使用"替身"来描述远程的参与者，称为 avatars。大范围视频会议使用二维全景图像的环绕投影来给观察者一种临场感，这项技术只需要几个视点的正确排列，但缺乏深度感，也无法进行三维交互。第二项技术是使用三维图形制作的替身模型来描述远程的参与者，这种方式较为简单，只需要在本地将模型调出，进行渲染即可，但真实感较差，典型代表是 CAVE6D。CAVE6D 是 CAVE5D 与远程沉浸环境 CAVERNsort 相结合的产物。CAVE5D 由弗吉尼亚大学 ODU（Old Dominion University）和威斯康星-麦迪逊大学 WISC（University of Wisconsin-Madison）联合研制的一个可配置虚拟现实应用框架，它是在 Vis5D 的支持下运作的。Vis5D 是一个强大的图形库，能够提供显示三维数字数据的可视化支持,广泛应用于大气、海洋及其他类似模型的可视化中。VERNsort 是一个用来建造协作式网络应用的开放源码平台,主要为高吞吐量的协作应用(不一定是 CAVE 应用)提供网络支持。另外,它还提供了建造远程沉浸应用的专门模块。由于 CAVERNsoft 的支持,CAVE6D 变成了一个远程沉浸环境,如图 1-18 所示。它允许多个用户在虚拟的环境里对超级计算数据进行可视化并与数据进行交互。参与者们不仅以角色的方式进入三维可视化场景中自由漫游,还可以改变可视化参数,如循环矢量、温度、风的速度、鱼群的分布等。CAVE6D 不仅提供了交互式的可视化手段,还提供了让各地参与者协同交流和研究的手段。

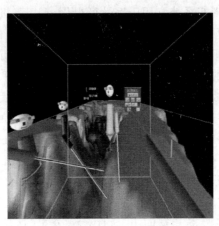

图 1-18　CAVE6D 远程沉浸系统

1.5.3　增强现实系统

增强现实(Augmented Reality,AR),也被称之为混合现实(Mixed Reality,MR)。在沉浸式虚拟现实系统中强调人的沉浸感,即沉浸在虚拟世界中,人所处的虚拟世界与真实世界相隔离,感觉不到真实世界的存在;而增强式虚拟现实系统通过穿透型头盔式显示器将计算机虚拟图像叠加在现实世界之上,它用于增强或补充人眼所看到的东西,为操作员提供与他所看到的现实环境有关的、存储在计算机中的信息,从而增强操作员对真实环境的感受。这种增强的信息可以是真实环境中与真实环境共存的虚拟物体,也可以是关于真实物体的非几何信息。

增强现实将虚拟对象准确"放置"在真实环境中,借助显示设备将虚拟对象与真实环境融为一体,并呈现给使用者一个感官效果真实的新环境。北卡罗来纳大学教堂山分校的 Ronald Azuma 教授认为增强现实系统具有虚实结合、实时交互、三维注册的特点。真实世界和虚拟世界在三维空间中整合的效果在很大程度上依赖于对使用者及其视线方向的精确的三维跟踪,因为计算机随时需要知道用户的手与所操作物体之间的相对位置。只有将显示器中的图像与现实中的物体仔细调校,达到较为精确的重叠时,该类系统才会有用。

常见的增强虚拟现实系统有:基于单眼显示器的系统、基于光学技术的系统、基于视频技术的系统。在基于单眼显示器的系统中,一只眼睛看到显示屏上的虚拟世界,另一只眼睛看到的是真实世界;基于光学技术的系统使用光学融合镜片,该镜片具有部分透光性和部分反射性,既允许真实世界的部分光线透过该镜片,又能将来自图形显示器的光线反射到用户的眼睛,由此实现了真实世界与虚拟世界的叠加。基于视频技术的系统则通过摄像机对真实世界进行图像采样,在图形处理器中将其叠加在虚拟图像上,然后再送回显示器。这种情况下,用户看到的并不是当时的真实环境。

与其他各类虚拟现实系统相比,增强虚拟现实系统使人们可以按日常的工作方式对周围的物体进行操作或研究,但同时又能从计算机生成的环境中得到同步的、有关活动的指导。目前,增强式虚拟现实系统常用于医学可视化、军用飞机导航、设备维护与修理、娱乐、文物古迹的复原等领域。如图 1-19 所示为基于增强现实的飞机发动机维修。在德国,工程技术人员在进行机械安装、维修、调试时,通过头盔显示器,可以将原来不能呈现的机器内部结构,以及它的相关信息、数据完全呈现出来,并可以按照计算机的提示来进行工作,解决技术难题。战机飞行员的平视显示器,可以将仪表读数和武器瞄准数据投射到安装在飞行员面前的穿透式屏幕上,飞行员不必低头读座舱中仪表的数据,从而可集中精力盯着敌人的飞机或导航偏差。医生做手术时,可戴上透视式头盔式显示器,这样既可看到做手术现场的真实情况,也可以看到手术中所需的各种资料。德国建筑师利贝斯坎得(Daniel Liberskind)在设计柏林犹太博物馆时,将显示二次大战前该馆现址附近犹太人居住点的地图投射到建筑表面上,使数据空间物质化,变成重新塑造物理空间的力量。南澳大学可穿戴计算机实验室开发的 Id Software 公司《地震》游戏的增强现实版 AR-Quake(2000)等。ARQuake 提供了第一人称射手,允许用户在现实世界中四处运动,同时在计算机生成的世界中玩游戏。它使用了 GPS、定向传感器、穿戴式电脑等设备。其他一些增强现实的应用情景如图 1-20 所示。

图 1-19　基于增强现实的飞机发动机维修

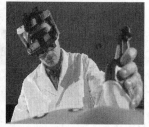

图 1-20　一些增强现实的应用情景

1.5.4 分布式虚拟现实系统

独立的虚拟现实系统可以使动态的虚拟环境栩栩如生,但它们并未解决资源共享问题。在 CAVE 工作室中,处于同一物理空间的所有参与者,可以体验同一个虚拟环境,但许多应用可能要求位于不同物理位置的参与者共享同一个虚拟环境。近年来,计算机、通信技术的同步发展和相互促进成为全世界信息技术与产业飞速发展的主要特征。特别是网络技术的迅速崛起,使得信息应用系统在深度和广度上发生了本质性的变化,分布式虚拟现实系统(Distributed VR,DVR)应运而生。分布式 VR 系统是一种基于网络的虚拟环境,将虚拟环境运行在通过网络连接在一起的多台 PC 或工作站上,位于不同物理位置的多个用户通过网络对同一虚拟世界进行观察和操作,共享同一个虚拟环境和时钟,达到协同工作的目的。参与者通过使用这些计算机,可以不受时空限制地实时交互,同时在交互过程中意识到彼此的存在,甚至协同完成同一件复杂产品设计或进行同一项艰难任务的训练,将虚拟现实的应用提升到了一个更高的境界。

虚拟现实系统之所以在分布式环境下运行,主要原因有 2 个。①可以充分利用分布式计算机系统提供的强大计算能力。在虚拟现实应用中,真实感场景的实时生成、实时的交互反馈等往往需要强大的计算能力的支持,很多应用所需的计算能力超出了单台计算机的性能,需要聚合多台计算机的计算机能力共同完成任务。②有些应用本身具有分布性。一项任务可能需要位于世界各地的若干人协作完成,彼此之间只能通过网络整合到一起。

分布式虚拟现实系统主要基于两类网络平台:一类是 Internet,另一类是高速专用网络,如美国军方一些用于军事演练的网络平台。根据分布式虚拟现实系统中所运行的共享应用系统的个数,可以把它分为集中式结构和复制式结构。

(1) 集中式结构

集中式结构是指采用星形结构在中心服务器上运行一个共享应用系统,中心服务器对多个参加者的输入和输出操作进行管理,允许多个参加者信息共享。某个时刻,只有一个用户可以改变对象状态,并将其发往服务器,然后服务器将改变的状态发给网络上的其他用户。集中式结构的特点是结构简单,容易实现,但是整个系统高度依赖于中心服务器,所有的活动都通过中心服务器来协调,对中心服务器的网络通信带宽有较高的要求,当参加者人数较多时,中心服务器往往会成为整个系统的瓶颈。另外,中心服务器的故障会造成系统的瘫痪,在健壮性、扩展性方面较差。远程会议系统、网上用户游戏常采用这种模式。在一些大型的网络游戏中,游戏服务器往往采用集群方案,通过负载平衡等技术为登录的游戏玩家指派相应的服务器为其提供服务。

(2) 复制式结构

复制式结构是指在每个参加者所在的计算机节点上复制包括环境数据库、软件资源等的共享应用系统,网上各个节点完全自治并有相同的数据库,节点之间只传输环境中对象的动态状态信息及突发事件,以此降低网上的通信量。各节点通过接收网上信息维护本地的数据库,保持一致的共享环境。复制式结构的优点是:所需网络带宽较小,尤其是采用组播等技术的复制式虚拟现实系统,一个节点发出的消息只到达订购该节点消息的节点,而不是采用广播的形式,有效地解决了集中式结构中的带宽瓶颈问题。缺点是比集中式结构复杂,在维护共享应用系统中的多个备份的信息或状态一致性方面比较困难,需要有控制机制来保证每个用户得到相同的输入事件序列,以实现共享应用系统中所有备份的同步,并且用户接收到的输出在时间和空间上应具有一致性。该模式多用于军事训练系统中。

目前,分布式虚拟现实系统主要应用于远程虚拟会议、虚拟医学会诊、多人网络游戏、虚拟战争演练等领域。最典型的分布式虚拟现实应用是 SIMNET 系统,SIMNET 由坦克仿真器通过网络连接而成,用于部队的联合训练。通过 SIMNET,位于德国的仿真器可以和位于美国的仿真器运行在同一个虚拟世界中,参与同一场作战演习。它的关键是分布交互仿真(Distributed Interactive Simulation,DIS)协议,必须保证各个用户在任意时刻的虚拟环境视图是一致的,而且协议还必须支持用户规模的扩展性。

在欧洲,Salford 等大学和空客子公司 CIMPA 等工业界共十多家单位正联合开展一个名为 CoSpaces 的欧盟项目,该项目的一个重要目标就是要建立一个远程沉浸的分布式协同设计工作空间,为处在不同地域的设计团队减少长途跋涉进行面对面研讨的次数,从而有效提高合作水平和效率。如图 1-21 所示为远程研讨飞机设计的示意图,其中不同地域的厂家将各自设计的零部件的模型加入到虚拟的工作空间中进行远程组装、研讨。

图 1-21　飞机设计远程研讨

1.6　虚拟现实在各领域中的应用

1.6.1　虚拟现实在推演仿真中的应用

现代社会的信息化导致社会生产力水平的高速发展,使得人类在许多领域不断地、越来越多地面临前所未有的困难,而今天又迫切需要解决和突破的问题。例如载人航天、核试验、核反应堆维护、包括新武器系统在内的大型产品的设计研制、多兵种军事训练与演练、气象及自然灾害预报、医疗手术的模拟与训练等。如果按传统方法解决这些问题,必然要花费巨额资金,投入巨大的人力,消耗过长的时间,甚至要承担人员伤亡的风险。虚拟现实技术为这些难题提供了一种全新的解决方式,采用虚拟场景来模拟实际的应用情景,让使用者如同身临其境一般,可以及时、没有限制地观察三维空间内的事物,甚至可以人为地制造各种事故情况,训练参演人员做出正确响应。这样的推演大大降低了投入成本,提高了推演实训时间,保证了人们面对事故灾难时的应对技能,并且可以打破空间的限制方便地组织各地人员进行推演。虚拟演练具有如下优势。

- 仿真性:虚拟演练环境是以现实演练环境为基础搭建的,操作规则同样立足于现实中实际的操作规范,理想的虚拟环境甚至可以达到使演练人员难辨真假的程度。
- 开放性:虚拟演练打破了演练空间上的限制,演练人员可以在任意的地理环境中进行分布式演练,身处异地的演练人员通过网络通信设备进入同一虚拟演练场所进行分布交互演练。
- 针对性:与现实中的真实演练相比,虚拟演练的一大优势就是可以方便地模拟任何情景,将演练人员置于各种复杂、突发环境中去,将现实中较少发生的危险状况模拟出来,从而进行针对性训练,提高自身的应变能力与相关处理技能。
- 自主性:借助虚拟演练系统,各单位可以根据自身实际需求在任何时间、任何地点组织演练,并快速取得演练结果,进行演练评估和改进。演练人员也可以自发地进行多次重复演练,掌握演练主动权,大大增加演练时间和演练效果。
- 安全性:在一些具有危险性的培训和训练中,虚拟的演练环境远比现实中安全,演练人员可以在虚拟环境中尝试各种演练方案,短期内反复操作以至熟练掌握,而不会面临任何实际危险,并且可以规避因误操作带来的一切风险。这样,演练人员可以卸去事故隐患的包袱,尽可能极端地进行演练,避免训练事故,从而大幅地提高自身的技能水平,确保在今后实际操作中的人身安全。

典型应用如丰田汽车与曼恒数字联手打造了丰田汽车虚拟培训中心,结合动作捕捉高端交互设备及3D立体显示技术,为培训者提供一个和真实环境完全一致的虚拟环境。培训者可以在这个具有真实沉浸感与交互性的虚拟环境中,通过人机交互设备和场景里所有物件进行交互,体验实时的物理反馈,进行多种实验操作。模拟与训练一直是军事与航天工业中的一个重要课题,这为虚拟现实提供了广阔的应用前景。美国国防部高级研究计划局DARPA自20世纪80年代起一直致力于研究称为SIMNET的虚拟战场系统,以提供坦克协同训练,该系统可联结200多台模拟器。另外利用虚拟现实技术,可模拟零重力环境,以代替现在非标准的水下训练宇航员的方法。

1.6.2　虚拟现实在产品设计与维修中的应用

当今世界工业已经发生了巨大变化,大规模人海战术已不适应工业的发展,先进科学技术的应用显现出巨大的威力,特别是虚拟现实技术的应用正对工业进行着一场前所未有的革命。虚拟现实已经被世界上一些大型企业广泛地应用到工业的各个环节,对企业提高开发效率,加强数据采集、分析、处理能力,减少决策失误,降低企业风险起到了重要的作用。在设计领域,虚拟设计涵盖了建造、维护、设备使用、客户需求等传统设计方法无法实现的领域,真正做到产品的全寿期服务。虚拟现实技术的引入,使工业设计的手段和思想发生了质的飞跃,更加符合社会发展的需要,大大缩短设计周期,提高市场反应能力。

虚拟维修是以虚拟现实技术为依托,在由计算机生成的、包含了产品数字样机与维修人员3D人体模型的虚拟场景中,为达到一定的目的,通过驱动人体模型、或者采用人在回路的方式来完成整个维修过程仿真、生成虚拟的人机互动过程的综合性应用技术。目的是通过采用计算机仿真和虚拟现实技术在计算机上真实展现装备的维修过程,增强装备寿命周期各阶段关于维修的各种决策能力,包括维修性设计分析、维修性演示验证、维修过程核查、维修训练实施等。虚拟维修技术可以实现逼真的设备拆装、故障维修等操作,提取生产设备的已有资料、状态数据,检验设备性能,还可以通过仿真操作过程,统计维修作业的时间、维修工种的配置、维修工具的选择、设备部件拆卸的顺序、维修作业所需的空间、预计维修费用。虚拟维修是虚拟现实技术在设备维修中的应用,突破了设备维修在空间和时间上的限制,具有灵活、高效、经济的特点,可以从多部位多视角观察、重复再现维修过程,甚至进行分布协同,并能方便地更改维修计划和样机方案、实现资源共享重用,尤其适合于人不便进入的场合,如飞机、舰船、装甲车辆、导弹等弹舱和仪器舱,以及核电站等不安全区域中设备的维修预演和仿真。

1.6.3 虚拟现实在城市规划中的应用

目前常用的规划建筑设计表现方法主要包括建筑沙盘模型、建筑效果图和三维动画,存在各自的不足之处:制作建筑沙盘模型需要经过大比例尺缩小,因此只能获得建筑的鸟瞰形象;三维效果图表现只能提供静态局部的视觉体验;三维动画虽有较强的三维表现力,但不具备实时的交互能力,人只是被动地沿着既定的观察路线进行观察。虚拟现实系统的沉浸感和互动性不但能够给用户带来强烈、逼真的感官冲击,获得身临其境的体验,能够在一个虚拟的三维环境汇总,用动态交互的方式对未来的规划建筑或城区进行身临其境的全方位的审视。可以从人员距离、角度和精细程度观察建筑;可以选择多种运动模式,如行走飞翔,并可以自由控制浏览的路线;而且在漫游过程中,可以实现多种设计方案、多种环境效果的实时切换比较;还可以通过其数据接口在实时的虚拟环境中随时获取项目的数据资料,方便大型复杂工程项目的规划、设计、投标、报批、管理,有利于设计与管理人员对各种规划设计方案进行辅助设计与方案评审。虚拟现实所建立的虚拟环境是由基于真实数据建立的数字模型组合而成,严格遵循工程项目设计的标准和要求建立逼真的三维场景,对规划项目进行真实的"再现"。用户在三维场景中任意漫游,人机交互,这样很多不易察觉的设计缺陷能够轻易地被发现,减少由于事先规划不周全而造成的无可挽回的损失与遗憾,提高项目的评估质量。运用虚拟现实系统,可以很轻松随意地进行修改,改变建筑高度,改变建筑外立面的材质、颜色,改变绿化密度,只要修改系统中的参数即可,从而加快方案设计的速度和质量,提高方案设计和修正的效率,也节省大量的资金,提供合作平台。

虚拟现实技术能够使政府规划部门、项目开发商、工程人员及公众可从任意角度,实时互动真实地看到规划效果,更好地掌握城市的形态和理解规划师的设计意图,这是传统手段如平面图、效果图、沙盘乃至动画等所不能达到的。对于公众关心的大型规划项目,在项目方案设计过程中,虚拟现实系统可以将现有的方案导出为视频文件用来制作多媒体资料,予以一定程度的公示,让公众真正地参与到项目中来。当项目方案最终确定后,也可以通过视频输出制作多媒体宣传片,进一步提高项目的宣传展示效果。

1.6.4　虚拟现实在娱乐与艺术方面的应用

三维游戏既是虚拟现实技术重要的应用之一，也为虚拟现实技术的快速发展起了巨大的需求牵引作用。尽管存在众多的技术难题，虚拟现实技术在竞争激烈的游戏市场中还是得到了越来越多的重视和应用。可以说，电脑游戏自产生以来，一直都在朝着虚拟现实的方向发展，虚拟现实技术发展的最终目标已经成为三维游戏工作者的崇高追求。从最初的文字 MUD 游戏，到二维游戏、三维游戏，再到网络三维游戏，游戏在保持其实时性和交互性的同时，逼真度和沉浸感正在一步步地提高和加强。丰富的感觉能力与 3D 显示环境使得虚拟现实成为理想的视频游戏工具。近些年来虚拟现实在该方面发展最为迅猛。如芝加哥开放了世界上第一台大型可供多人使用的虚拟现实娱乐系统，其主题是关于 3025 年的一场未来战争；英国开发的称为"Virtuality"的虚拟现实游戏系统，配有 HMD，大大增强了真实感；1992 年的一台称为"Legeal Qust"的系统由于增加了人工智能功能，使计算机具备了自学习功能，大大增强了趣味性及难度，使该系统获该年度虚拟现实产品奖。另外在家庭娱乐方面虚拟现实也显示出了很好的前景。

作为传输显示信息的媒体，虚拟现实在艺术领域方面也有广阔的应用前景。虚拟现实所具有的临场参与感与交互能力可以将静态的艺术（如油画、雕刻等）转化为动态形式，可以使观赏者更好地欣赏作者的思想艺术。另外，虚拟现实提高了艺术表现能力，如一个虚拟的音乐家可以演奏各种各样的乐器，手足不便的人或远在外地的人可以在他生活的居室中去虚拟的音乐厅欣赏音乐会等。李怀骥在《虚拟现实艺术：形而上的终极再创造》一文中引用保罗（Paulo）的观点：对于当代艺术而言，虚拟技术不仅影响和改变着既有的艺术传承和艺术生产方式，同时还动态地开辟了另一维超现实空间——"虚拟现实空间"，该空间与艺术家相互作用、影响的过程中所产生的人机共生的无限潜能，超出了艺术家的主体经验，并且正在以最具生产力的方式扩展着艺术生产和再生产的领地——虚拟现实空间由此将成为未来艺术新的栖居地。

艺术家通过对虚拟现实、人工现实等技术的应用，可以采用更为自然的人机交互手段控制作品的形式，塑造出更具沉浸感的艺术环境和现实情况下不能实现的梦想，并赋予创造的过程以新的含义。如具有虚拟现实性质的交互装置系统可以设置观众穿越多重感官的交互通道以及穿越装置的过程，艺术家可以借助软件和硬件的顺畅配合来促进参与者与作品之间的沟通与反馈，创造良好的参与性和可操控性；也可以通过视频界面进行动作捕捉，储存访问者的行为片段，以保持参与者的意识增强性为基础，同步放映增强效果和重新塑造、处理过的影像；通过增强现实、混合现实等形式，将数字世界和真实世界结合在一起，观众可以通过自身动作控制投影的文本，如数据手套可以提供力的反馈，可移动的场景、360°旋转的球体空间不仅增强了作品的沉浸感，而且可以使观众进入作品的内部，操纵它、观察它的过程，甚至赋予观众参与再创造的机会。

典型应用如三维《清明上河图》，以全三维的形式构造一幅完美的虚拟场景，场景不止是复原几个世纪以前的汴京面貌，更可以将整个场景放在 Web 浏览器上供大家访问，让世界各地的每一个人都有机会进入三维场景，并且是每个人可以以选定的角色作为化身，在里面漫步并与计算机人物和他人互动，亲历宋朝的繁荣景象，了解北宋的城市面貌和当时各阶层人们的生活。以来自于北宋时期的真实人物做演员，游客可以最真实的化身到这个数字化的虚拟世界中控制人物，按自己的意愿在其中游览，非常直观地以不同角度去观看这个历史世界。当游览的人越来越多，游客们彼此间更可进行直接的交流，一起走动并对建筑物及各种商业活动做出反应，对当时的历史风貌加以讨论。

1.6.5 虚拟现实在道路交通方面的应用

随着虚拟现实技术的发展，其在交通领域的应用也逐渐广泛，虚拟现实技术在道路交通中的应用主要在以下几个方面。

1. 交通线路设计规划方案的评估

在规划设计阶段，随意切换多种设计方案进行比较或检查有无设计缺陷，可以是整个规划网络的布局，植被的分布，也可以是单条道路，或建筑物、街道、交通量分析，观察者可以随时查询到相关数据库，如城市人口分布图、资源状况、建筑物、道路属性等。很多不易察觉的设计缺陷能够被轻易发现，大大减少由于考虑不周导致的损失。

2. 道路桥梁设计方面

虚拟公路交通是用虚拟现实技术把包括道路、桥梁、收费站、服务区以及沿途的部分景观，大到整个收费站等完全真实再现。按照要求，可以设置多条相对固定的浏览路线，无需操作，自动播放。还可在后台置入稳定的数据库信息，便于受众对各项技术指标进行实时的查询，周边再辅以多种媒体信息，如工程背景介绍、标段概况、技术数据、截面、电子地图、声音、图像、动画，并与核心的虚拟技术产生交互，从而实现演示场景中的导航、定位与背景信息介绍等诸多实用、便捷的功能。另外，在虚拟环境中可以预演大跨度桥梁要进行的风洞试验、大型堤坝要进行的实物试验。在桥梁和道路规划、设计、施工各个阶段，都可以利用虚拟现实技术，观察桥梁和道路风格与周围环境的协调性，体验驾车通过大桥的变视点、变角度动态感觉；对桥梁、道路、岩土工程、隧道进行仿真和数据采集与处理；材料变形、破坏的模拟等；从而大大增强了复杂地形地貌路线优化及大型复杂结构在静力、动力、稳定、非线性和空间的计算分析能力，提高了勘察设计的自动化程度，能够大大提高工作效率及准确度。

典型应用如北京航空航天大学与山西省交通规划勘探设计院合作研制的"网络化高速公路三维可视化信息系统"，建立了一种网络化、三维可视化高速公路信息管理方式，对高速公路设计前、施工中和竣工后这三个过程进行方案验证、功能展示和信息管理，集高速公路的三维可视化导览、地理信息规划、高速公路设计、建设和养护数据管理、高速公路设计全方位剖面和高速公路多媒体人文景观信息为一体，突出在网络环境下高速公路的三维浏览、公路组成的即时编辑、数据一致性访问和在设计、施工和养护阶段异构数据的存储、管理和分析等。高速公路的三维可视化不仅能改善浏览高速公路信息的视觉效果，提供设计方案建成后的直观形象，更能为决策机构和领导直观、快速地提供决策信息，为深层次分析奠定基础，还能为高速公路后期维护提供原始资料查询与决策。该系统在"大运"高速公路建设中建立了完整的 666 公里的电子数据资料，形成集设计、施工、养护为一体的信息管理平台，并且将设计资料由纸质转为电子文档，减少图纸存储和人员维护量，易于查询、管理，便于领导和主管部门随时查询养护记录和养护费用、目前道路状况，已正式投入使用三年多的时间。该系统正在山西全省的道路建设中进行推广,已经应用在东山南环、武宿、原太高速公路等,取得了良好效果。

1.6.6　虚拟现实在文物保护方面的应用

利用虚拟现实技术,结合网络技术,可以将文物的展示、保护提高到一个崭新的阶段。首先表现在将文物实体通过影像数据采集手段,建立起实物三维或模型数据库,保存文物原有的各项型式数据和空间关系等重要资源,实现濒危文物资源的科学、高精度和永久的保存和文物的多角度展示。其次利用这些技术来提高文物修复的精度和预先判断、选取将要采用的保护手段,同时可以缩短修复工期。通过计算机网络来整合统一大范围内的文物资源,并且通过网络在大范围内利用虚拟技术更加全面、生动、逼真地展示文物,从而使文物脱离时空的限制,实现资源共享,真正成为全人类可以"拥有"的文化遗产。另外,有些文物属于不可移动文物,由于处于交通闭塞的地区,使文物的价值无法发挥出来。虚拟现实技术提供了脱离文物原件而表现其本来的重量、触觉等非视觉感受的技术手段,能根据考古研究数据和文献记载,模拟地展示尚未挖掘或已经湮灭了的遗址、遗存,而不会影响到文物本身的安全。使用虚拟现实技术可以推动文博行业更快地进入信息时代,实现文物展示和保护的现代化。

20 世纪 90 年代,数字博物馆率先在各信息科技大国和重视文化传统的国家兴起。美国率先拨巨款把由政府掌握的博物馆、图书馆、文化与自然遗产等资源上网;法国将卢浮宫上网工程作为重点示范项目;英国、加拿大和澳大利亚已建成了全国性的文化遗产数据库;日本则致力于开发文化遗产的虚拟现实技术。1996 年,美国"虚拟遗产网络"(Virtual Heritage Network,VHN),得到联合国教科文组织认可,承担了该组织多个重大项目。2001 年,加拿大"遗产信息网络"(Canadian Heritage Information Network,CHIN),与博物馆社群合作,建立加拿大虚拟博物馆(Virtual Museum of Canada, VMC)。2002 年,由德国发起,建立"欧洲文化遗产网络"(European Cultural Heritage Network,ECHN),连接各国政府服务机构和遗产机构(2004 年有 31 个参加国)。2000 年,IBM 东京研究所与日本民族学博物馆合作"全球数字博物馆(Global Digital Museum)计划"。

1.6.7　虚拟现实在虚拟演播室中的应用

1978 年,Eugene L. 提出了"电子布景"(Electro Studio Setting)的概念,指出未来的节目制作,可以在只有演员和摄像机的空演播室内完成,其余布景和道具都由电子系统产生。随着计算机技术与虚拟现实技术的发展,在 1992 年以后虚拟演播室技术真正走向了实用。

虚拟演播室是一种全新的电视节目制作工具,虚拟演播室技术包括摄像机跟踪技术、计算机虚拟场景设计、色键技术、灯光技术等。虚拟演播室技术是在传统色键抠像技术的基础上,充分利用了计算机三维图形技术和视频合成技术,根据摄像机的位置与参数,使三维虚拟场景的透视关系与前景保持一致,经过色键合成后,使得前景中的演员看起来完全沉浸于计算机所产生的三维虚拟场景中,而且能在其中运动,从而创造出逼真的、立体感很强的电视演播室效果。由于背景成像依据的是真实的摄像机拍摄所得到的镜头参数,因而和演员的三维透视关系完全一致,避免了不真实、不自然的感觉。

由于背景大多是由计算机生成的,可以迅速变化,这使得丰富多彩的演播室场景设计可以用非常经济的手段来实现。采用虚拟演播室技术,可以制作出任何想象中的布景和道具。无论是静态的,还是动态的,无论是现实存在的,还是虚拟的。这只依赖于设计者的想象力和三维软件设计者的水平。许多真实演播室无法实现的效果,都可以在虚拟演播室中实现。例如,在演播室内搭建摩天大厦,演员在月球进行"实况"转播,演播室里刮起了龙卷风等。

1.6.8 虚拟现实在教育培训中的应用

应用虚拟现实技术开发的三维虚拟学习环境能够营造逼真、直观的学习环境,让学生沉浸在虚拟世界进行实时观察、交互、参与、实验、漫游等操作,将枯燥难懂的知识以"身临其境"的方式来感受和体会,使被动灌输的学习方式成为主动式和兴趣式的学习探索。这种情景化的学习过程可以提高学生更深层次的学术知识和思维技巧,而不是只让参与者从这些娱乐产品中获得空虚的体验和无意义的技能。而且学生行动和言论的详细数据也可通过后台自动收集下来,为学生评估提供了巨大的潜力。无论从学生学习过程体验,还是在形成性、诊断性评价方面来看,三维虚拟学习环境都可以帮助学生提供满足其个人需要的指导。其具体应用体现在以下几个方面。

1. 虚拟学习环境

虚拟现实技术能够为学生提供生动、逼真的学习环境,如建造人体模型、电脑太空旅行、化合物分子结构显示等,在广泛的科目领域提供无限的虚拟体验,从而加速和巩固学生学习知识的过程。虚拟实验利用虚拟现实技术,可以建立各种虚拟实验室,如地理、物理、化学、生物实验室等,在节省成本、规避风险、打破空间和时间的限制方面拥有传统实验室难以比拟的优势。例如,利用虚拟现实技术,大到宇宙天体,小到原子粒子,学生都可以进入这些物体的内部进行观察。一些需要几十年甚至上百年才能观察的变化过程,通过虚拟现实技术,可以在很短的时间内呈现给学生观察。例如,生物中的孟德尔遗传定律,用果蝇做实验往往要几个月的时间,而虚拟技术在一堂课内就可以实现。

2. 虚拟实训基地

利用虚拟现实技术建立起来的虚拟实训基地,其"设备"与"部件"多是虚拟的,可以根据需要随时生成新的设备。教学内容可以不断更新,使实践训练及时跟上技术的发展。同时,虚拟现实的沉浸性和交互性,使学生能够在虚拟的学习环境中扮演一个角色,全身心地投入到学习环境中去,这非常有利于学生的技能训练。包括军事作战技能、外科手术技能、教学技能、体育技能、汽车飞机和轮船驾驶技能、果树栽培技能、电器维修技能等各种职业技能的训练,由于虚拟的训练系统无任何危险,学生可以不厌其烦地反复练习,直至掌握操作技能为止。例如,利用飞行模拟器,学员可以反复操作控制设备,学习在各种天气情况下驾驶飞机起飞、降落,通过反复训练,达到熟练掌握驾驶技术的目的。

3. 虚拟仿真校园

虚拟仿真校园是虚拟现实技术在教育培训中最早的具体应用,简单的形式是虚拟校园环境供游客浏览,功能相对完整的三维可视化虚拟校园以学员为中心,加入一系列人性化的功能,以虚拟现实技术作为远程教育基础平台。远程教育虚拟现实可为高校扩大招生后设置的分校和远程教育教学点提供可移动的电子教学场所,通过交互式远程教学的课程目录和网站,由局域网工具作校园网站的链接,可对各个终端提供开放性的、远距离的持续教育,还可为社会提供新技术和高等职业培训的机会,创造更大的经济效益与社会效益。

虚拟现实技术在教育培训中的应用是教育技术发展的一个飞跃,它营造了特殊的自主学习环境,由传统的"以教促学"的学习方式代之为学习者通过自身与信息环境的相互作用来得到知识、技能的新型学习方式。三维的展现形式使学习过程形象化,学生更容易接受和掌握。虚拟学习环境为学生提供广泛的科目领域里的无限的虚拟体验,学习知识的过程变化多端,亲身的体验使学生印象深刻,主动地交互增加了学生的兴趣。虚拟现实的三大特征使学生能动性提高,容易投入到学习环境中去,并且培养了学生自主探索问题的能力和创新能力。典型应用如瑞士皇家技术学院的 CyberMaih 项目,其目的是探索开放式虚拟世界运用于数学教育领域的潜力,旨在提高数学教育的质量。在虚拟世界中,用三维方式来表现抽象的数学模型不仅给学习者以直观的印象,也充分体现了数学的美感和艺术性。在该项目的研究结论中指出,让学生在虚拟世界中面对直观生动的数学模型,具有良好的效果,对学生学习的质量和效率都有很大幅度的提高。"第二人生"(Second Life)的流行促使了很多教育技术研究工作者将兴趣投入到多人虚拟环境(Multi-User Virtual Environments,MUVE)上,Second Life 是一个模拟真实世界的大型多人在线角色扮演平台,巧妙融合了联网游戏和在线虚拟社区的诸多概念,创造了一种新型的网络空间,它为信息时代的学习、教育提供了积极的、沉浸式的数字化游戏式学习环境。国外一些大学和教育机构早已开始使用 Second Life 鼓励师生探索、学习和合作。例如,美国洛杉矶的一个非盈利性校外学习中心 EdBoost 以 Second Life 为中学生学习程序设计的实验平台,学生利用 Second Life 脚本语言通过开放式作业学习创建在游戏环境中能活动的趣味对象,如碰到门、门可以被打开、或者坐上自己设计和建造的摩托车在三维空间中行驶等。在这种学习环境下,学生的学习动机明显增强,计算机编程能力也得到快速提高。

1.6.9 虚拟现实在医学中的应用

临床上,80%的手术失误是人为因素引起的,所以手术训练极其重要。在虚拟环境中,可以建立数字化三维人体,借助于跟踪球、HMD、感觉手套,医学院的学生可以了解人体内部各器官结构,还可以进行"尸体"解剖和各种手术练习。采用虚拟现实技术,由于不受标本、场地等的限制,所以培训费用大大降低。一些用于医学培训、实习和研究的虚拟现实系统,仿真程度非常高。例如,导管插入动脉的模拟器,可以使学生反复实践导管插入动脉时的操作;眼睛手术模拟器,根据人眼的前眼结构创造出三维立体图像,并带有实时的触觉反馈,学生利用它可以观察模拟移去晶状体的全过程,并观察到眼睛前部结构的血管、虹膜和巩膜组织及角膜的透明度等;还有麻醉虚拟现实系统、口腔手术模拟器等。

在虚拟手术过程中,系统可以监测医生的动作,精确采集各种数据,计算机对手术练习进行评价,如评价手术水平的高低、下刀部位是否准确、所施压力是否适当、是否对健康组织造成了不恰当的损害等。这种综合模拟系统可以让医学生和医生进行有效地反复实践操作练习，还可以让他们学习在日常工作中难以见到的病例。虚拟手术使得手术培训的时间大为缩短，同时减少了对实验对象的需求。远程医疗也能够使手术室中的外科医生实时地获得远程专家的交互式会诊，交互工具可以使顾问医生把靶点投影于患者身上来帮助指导主刀外科医生的操作，或通过遥控帮助操纵仪器。这样使专家们技能的发挥不受空间距离的限制。

　　虚拟手术系统能使医生依靠术前获得的医学影像信息，进而在计算机上模拟出病灶部位的三维结构，最后利用虚拟现实技术建立手术的逼真三维场景，使医生能够在计算机建立的虚拟的环境中设计手术过程和进刀的部位、角度，提高手术的成功率，这对于选择最佳手术方案、减小手术损伤、减少对临近组织损害、提高操作定位精度、执行复杂外科手术和提高手术成功率等具有十分重要的意义。另外，在远距离遥控外科手术、复杂手术的计划安排、手术过程的信息指导、手术后果预测及改善残疾人生活状况，乃至新药研制等方面，虚拟现实技术都能发挥十分重要的作用。早在 1985 年，美国国立医学图书馆（NLM）就开始人体解剖图像数字化研究，并利用虚拟人体开展虚拟解剖学、虚拟放射学及虚拟内窥镜学等学科的计算机辅助教学。Pieper 及 Satara 等研究者在 20 世纪 90 年代初基于两个 SGI 工作站建立了一个虚拟外科手术训练器，用于腿部及腹部外科手术模拟。这个虚拟的环境包括虚拟的手术台与手术灯，虚拟的外科工具（如手术刀、注射器、手术钳等），虚拟的人体模型与器官等。借助于 HMD 及感觉手套，使用者可以对虚拟的人体模型进行手术。1995 年，在 Internet 上出现了"虚拟青蛙解剖"虚拟实验，"实验者"在网络上互相交流，发表自己的见解，甚至可以在屏幕上亲自动手进行解剖，用虚拟手术刀一层层地分离青蛙，观察它的肌肉和骨骼组织，与真正的解剖实验几乎一样，浏览者还能任意调整观察角度、缩放图像。

1.6.10　虚拟现实在康复训练中的应用

　　康复训练包括身体康复训练和心理康复训练，是指有各种运动障碍（动作不连贯、不能随心所动）和心理障碍的人群，通过在三维虚拟环境中做自由交互以达到能够自理生活、自由运动、解除心理障碍的训练。传统的康复训练不但耗时耗力，单调乏味，而且训练强度和效果得不到及时评估，容易错失训练良机，而结合三维虚拟与仿真技术的康复训练能很好地解决这一问题，并且还适用于心理患者的康复训练，对完全丧失运动能力的患者也有独特效果。

　　虚拟身体康复训练：身体康复训练是指使用者通过输入设备（如数据手套、动作捕捉仪）把自己的动作传入计算机，并从输出反馈设备得到视觉、听觉或触觉等多种感官反馈，最终达到最大限度的恢复患者的部分或全部机体功能的训练活动。这种训练方法，不但大大节约了训练的人力物力，而且有效增加了治疗的趣味性，激发了患者参与治疗的积极性，变被动治疗为主动治疗，提高治疗的效率。典型应用如虚拟情景互动康复训练系统（Anokan-VR）将患者放置在一个虚拟的环境，通过抠相技术，使患者可在屏幕上看到自己或以虚拟图形式出现，根据屏幕中情景的变化和提示做各种动作，以保持屏幕中情景模式的继续，直到最终完成训练目标。该系统专门为神经、骨科、老年康复和儿童康复开发的虚拟康复治疗系统,能使患者以自然方式与具有多种感官刺激的虚拟环境中的对象进行交互。可提供多种形式的反馈信息,使枯燥单调的运动康复训练过程更轻松、更有趣和更容易。该系统包括了五大模块软件:坐姿训练、站姿平衡训练、上肢综合训练、步态行走训练、患者数据库功能。可通过躯干姿势控制坐站转换、上肢运动、步行、平衡、膝关节与下肢运动训练等多种虚拟游戏,成功应用于中风患者上肢、平衡与步行康复、髋膝关节置换术后康复、多发性硬化、帕金森病、老年痴呆与老年人的一般健身活动等。

虚拟心理康复训练:狭义的虚拟心理康复训练是指利用搭建的三维虚拟环境治疗诸如恐高症之类的心理疾病。广义上的虚拟心理康复训练还包括搭配"脑-机接口系统"、"虚拟人"等先进技术进行的脑信号人机交互心理训练。这种训练就是采用患者的脑电信号控制虚拟人的行为,通过分析虚拟人的表现实现对患者心理的分析,从而制定有效的康复课程。此外,还可以通过显示设备把虚拟人的行为展现出来,让患者直接学习某种心理活动带来的结果,从而实现对患者的治疗。这种心理训练方法为更多复杂的心理疾病指明了一条新颖、高效的训练之路。1994 年,Lamson 和 Meisner 将 30 个恐高症患者置于用虚拟现实技术建构的虚拟高空中,有 90% 的人治疗效果明显。美国"9.11 事件"以后出现大量的创伤后应激障碍的患者,Eifede 和 Hoffman 运用虚拟现实重现了世贸中心的爆炸场面,并对一个传统疗法失败的患者进行治疗,该患者被成功治愈。另外在痛感较强的牙科手术和其他治疗过程中虚拟疗法能够吸引病人的注意力。"雪世界"是第一种专门用来治疗烧伤后遗症的虚拟环境。在美国西雅图烧伤治疗中心,患者在接受痛苦的治疗过程中可以在虚拟环境中飞越冰封的峡谷,俯视冰冷的河流和飞溅的瀑布,还可以将雪球抛向雪人,观看河中的企鹅和爱斯基摩人的圆顶雪屋。"雪世界"的研发者认为,虚拟现实疗法之所以能够获得成功,主要是它能够把病人的注意力从创伤或病痛上转移到虚拟的世界中来。

1.6.11　虚拟现实在地理中的应用

应用虚拟现实技术,将三维地面模型、正射影像和城市街道、建筑物及市政设施的三维立体模型融合在一起,再现城市建筑及街区景观,用户在显示屏上可以很直观地看到生动逼真的城市街道景观,可以进行诸如查询、量测、漫游、飞行浏览等一系列操作,满足数字城市技术由二维 GIS 向三维虚拟现实的可视化发展需要,为城建规划、社区服务、物业管理、消防安全、旅游交通等提供可视化空间地理信息服务。典型应用如 Google Earth。Google Earth 是一个免费的卫星影像浏览软件,它以各种分辨率的卫星影像为原始数据,信息直观清晰,并且具备强劲的三维引擎和超高速率的数据压缩传输,还整合了 Google的"本地搜索"、"地图标注"、"GPS 导航"等多项服务,为用户提供便捷、免费的通用服务。用户在网上既能鸟瞰世界,又能在虚拟城市中任意游览,甚至可以将所经过的线路以漫游的方式进行录像和回放,实现模拟旅行。新版 Google Earth 可以让用户探索神秘的太空和海洋,欣赏火星图片和观看地球表面发生的变化。

在水文地质研究中,利用虚拟现实技术沉浸感、与计算机的交互功能和实时表现功能,建立相关的地质、水文地质模型和专业模型,进而实现对含水层结构、地下水流、地下水质和环境地质问题(例如地面沉降、海水入侵、土壤沙漠化、盐渍化、沼泽化及区域降落漏斗扩展趋势)的虚拟表达。真实地再现地下含水层和隔水层的分布、含水层的厚度、空间的变化情况。突破传统方法不直观、不全面的局限,即仅能通过剖面图展示含水层、隔水层的垂向分布特点,在平面图中通过含水层厚度等值线表现含水层的空间分布状况。利用虚拟现实系统的实时变化功能也可以对地下水流的运动变化特征进行虚拟表达,充分展现地下水流的特点,其流向、流速和流量乃至于储存量的变化,特别是人类开采利用地下水对含水系统产生的影响,边界条件对地下水流的约束和控制作用等。通过对地下水水质在天然状态下逐渐变化过程的虚拟,可以确定对地下水水质影响最大的因素,从而更深刻地理解水质变化的机理,为控制水质的恶化,使之向良性循环转化提供依据。还可以真实地表现地下水流中溶质的运移规律和发展趋势,辅助地下水水质管理。通过对地下水位变化的虚拟和土壤层含水量的表达,可以动态地表现地下水位的下降、降落漏斗的扩展与土壤沙化的进程,虚拟研究地下水水位下降与土壤沙化的相互关系和机理,对地下水可持续开发利用和相对减少和减轻可能产生的环境问题有着极为重要的意义。建立地区的蒸发量与土壤水分的关系,根据气候条件和地下水位、地下水水质演变过程进行虚拟,可以不断跟踪和不断预测区域土壤盐渍化的发展过程,为环境的监测和改善管理提供重要的依据。

第 2 章　虚拟现实输入设备

为了使虚拟环境有效地模拟现实环境,实现自然和谐的人机交互并使用户产生较强的沉浸感,虚拟现实系统需要特定的硬件和软件环境支撑。典型的虚拟现实系统可以划分为虚拟环境产生系统、输入系统和输出系统三个子系统。虚拟环境产生系统是虚拟现实系统的核心部件,实质上是一个包括数据库和能产生三维虚拟环境的高性能计算机系统。输入系统和输出系统实现"人"与"机"之间的信息传递和数据转换,将各种控制信息传输到计算机,虚拟现实系统再把处理后的信息反馈给参与者,如人的转动、动作、手势等动作变成操纵信息输入虚拟环境,再通过反馈使人能获得视觉、听觉、触觉的感受,充分体验虚拟现实中的沉浸感、交互性、想象力。为了达到人对虚拟环境采用自然的方式输入、虚拟世界根据其输入进行实时场景输出的目的,我们常用的计算机键盘、鼠标等交换设备无法满足要求,于是出现了多种虚拟现实输入输出设备可以实现多个感觉通道的交互,如:三维位置跟踪器或传感衣可以测量身体运动,数据手套可以实现手势识别或手抓取操作,头盔显示器可实现视觉反馈,三维声音可由 3D 声音生成器计算,还可以使用摄像机、压力传感器、视觉跟踪器、惯性仪、语音识别系统等。借助各种输入装置,用户进入虚拟环境并与虚拟对象进行人机交互。虚拟现实系统集成高性能的计算机硬件、软件、跟踪器以及先进的传感器等设备,因此系统复杂而且昂贵。幸运的是,随着科学技术的进步和制造工艺水平、效率的提高,虚拟现实系统的软硬件价格有下降的趋势,有助于基于虚拟现实的应用系统的推广和普及。

虚拟现实系统的输入设备总体上可以分为三类:一类是虚拟物体操纵设备,用于对虚拟世界信息的输入,实现对虚拟空间中三维物体的操纵;另一类是三维定位跟踪设备,用来对人、物体或者输入设备在三维空间中的位置进行解算,并将位置信息输入虚拟现实系统中,以便达到直接操纵物体或者辅助其他输入设备对物体操纵的目的;快速建模设备主要有三维扫描仪和基于视觉的三维重建设备,实现真实世界物体的三维数字化,并输入虚拟环境中。

2.1　虚拟物体操纵设备

人与虚拟世界交互的实现形式很多,最基本的交互是实现对虚拟环境中三维物体的操纵,相应的输入设备有数据手套(Data Glove)、数据衣(Data Suit)、三维鼠标、力矩球(Space Ball)、语音识别输入设备等。

2.1.1 数据手套

手是人类身体的重要组成部分,五指能各自向内弯曲,并能左右轻微摆动。手的主要功能为拿取、拉动及推动、举起或抬起物品,人们可以运用手做很多动作和活动,例如打字、执笔写字、用筷子食饭、拍球、驾车等。另外,手也是与他人沟通、表达意识的重要媒介,如挥手及聋哑人士用的手语,弯曲手指做出不同的手势,包括五指紧握的拳头、食指与中指举起的 V 字手势等。在传统的 WIMP 人机交互界面中,主要使用键盘、鼠标等输入工具来操纵计算机,手被限制在桌面上一个小区域内进行简单的运动控制,不能充分发挥手的功能,妨碍了人们对系统控制意识表达的全面性与灵活性。将日常生活中人手的各种动作和手势数字化后输入计算机以实现对虚拟环境中物体的三维操纵是人机交互技术的巨大进步。相应的数字化手段有很多,如基于视觉的方法、数据手套等。

数据手套(Wired Glove),也称 Dataglove 或 Cyberglove,是一个类似手套的人机交互输入设备,用于在虚拟环境中再现人手动作。不同的数据手套使用不同的传感技术来将手指和手掌伸屈时的各种姿势转换成数字信号传送给计算机,计算机通过数据手套的配套软件和应用程序识别出用户的手在虚拟世界中操作时的姿势,执行相应的操作,如在虚拟世界中进行物体抓取、移动、装配、操纵、控制等操作。通常,数据手套要配合三维跟踪定位设备(如电磁跟踪设备、惯性跟踪设备等)来使用,以获得手的全局位置坐标和方位。有些昂贵的数据手套会提供力反馈功能,当手触摸到虚拟物体时给用户力觉、触觉的反馈,增强了交互性和用户的沉浸感。通常情况下,数据手套的市场价格较高,三维定位跟踪设备和力反馈设备需要单独购买。

数据手套一般由可伸缩的弹性纤维制成,可以适合不同大小的手掌,常见的数据手套对每个指关节都可以通过两个传感器采集其弯曲程度的数据,在两个手指之间有一个传感器记录两个手指之间的角度,以便用来区分每根手指的外围轮廓。数据手套能否实时、准确和灵敏地控制虚拟空间中物体的位置和方向,归根结底在于传感器能否准确地测量出手指弯曲伸张的变化。数据手套实现的关键在于手掌、手指及手腕的各个有效部位的弯曲、外展等的测量以及在此基础上姿态的反演。完成反演主要取决于人体手部姿态的建模,最根本的就是确定传感器测量数据和手部各关节运动姿态的对应关系。数据手套的基本原理可以描述为:手部各弯角组成的向量 $f=(f_1, f_2, \cdots, f_n)$ 与对应传感器示数组成的向量 $d=(d_1, d_2, \cdots, d_n)$ 之间存在着强耦合的映射关系,实现数据手套的关键是根据示数向量 d,找出原映射关系的逆映射,从而反演出手部各部位的姿态。人手与机械手存在的主要差异是人手为软组织而非刚性物体,使得人手与普通的刚性杆铰链不同,手部某一关节的运动,不仅会作用于对应的传感器的示数发生变化,而且通过软组织的相互作用,影响其他传感器示数发生变化。如果要求保证一定的精度,必须对求得的逆映射进行解耦计算,问题的求解具有一定的复杂性。

目前已经有多种传感手套产品,它们之间的区别主要在于采用的传感器不同,下面选择几种典型传感手套简单介绍。

(1) Sayre 数据手套

Sayre 数据手套可以称为第一代数据手套,由伊利诺伊大学芝加哥分校的 Rich Sayre、Thomas DeFanti 和 Daniel Sandin 于 1976 年发明。最初目标是研发一种低价、轻巧的手套来监控手的运动,通过手的多维动作来控制设备,而不是为了手势识别。该手套在手套的每个手指上安装具有柔韧性的电子管(不是光纤),在电子管一端放置光源,另一端安装光电元件,如图 2-1 所示。当电子管弯曲时,电子管的透光量会成比例地减少,可转换成电压变化,因此光电元件的电压与手指的弯曲程度会建立某种映射关系,从而侦测手指弯曲程度。

图 2-1　Sayre 数据手套

（2）MIT LED Glove

19 世纪 80 年代,MIT 媒体实验室的研究者在手套上面安放一些 LED,如图 2-2 所示。使用过程中,把相机对焦到手部位置,侦测手套上面 LED 的变化,从而推算手指的运动。研制者将手指的运动移植到人身体的运动上,实现了人体和肢体位置跟踪的实时计算机图形学模拟。与 Sayre 手套的不同的是,LED 手套用来进行运动捕捉而不是设备控制。显然,该数据手套要求相机与手之间不能有障碍物遮挡视线。LED 手套没有进一步研发为一种健壮的、有效的输入设备,没有得到推广。

图 2-2　MIT LED Glove

（3）Digital Data Entry Glove

1983 年,Gary Grimes 在 AT&T 贝尔实验室研发了一种将手势信号转换为字符输入的 Digital Data Entry Glove 数据手套,如图 2-3 所示。其原理是将接触、弯曲、惯性传感器缝在手套的特定位置,设计目的是为美国的聋哑人提供单手的手势字符输入。手套硬件实现的电路板能够处理传感器数据的不同组合,识别并输出 96 个可打印 ASCII 字符集的 80 个字符子集。遗憾的是该手套没有得到实际应用,也未进行过商业生产。

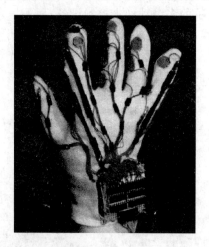

图 2-3　Digital Data Entry Glove

（4）DataGlove 数据手套

1987 年,Thomas Zimmerman 等研发了一种可以检测手的 10 个手指关节以及位置与方位的 6 自由度数据手套。相对于以前的基于相机的数据手套而言,该数据手套最大的进步在于其可以实时运行并且可以有视线的遮挡。另外,该数据手套还具有重量轻、佩戴舒适、不干扰用户的注意力、通用的特点。VPL 公司对其进行了商业化包装和生产,是同类产品中第一个推向市场的数据手套,较低的价格使其迅速进入科研机构,导致了世界范围内的广泛应用。在 1987 年推向市场。当年 10 月份,VPL DataGlove 数据手套登上了 *Scientific American* 的封面,如图 2-4 所示。

图 2-4　VPL DataGlove 登上 *Scientific American* 的封面

该数据手套使用轻质的合成弹性纤维材料,在手指的背部部位精妙放置了光纤传感器，如图 2-5 所示。光纤的一端与光电子接口的一个红外发射二极管相接，作为光源端，另一端与一个红外接收二极管相接，检测经过光纤返回的光强度。当手指伸直时光纤也呈直线状态，因为圆柱壁的折射率小于中心材料的折射率，传输的光线没有被衰减；当手指弯曲时光纤呈弯曲状态，在手指关节弯曲处光会逸出光纤，光的逸出量与手指关节的弯曲程度成比例，这样将测量的返回光的强度送入处理器，该处理器根据用户事先校准的数据就可以间接测出手指关节的弯曲角度。大多数 DataGloves 有 10 个弯曲传感器，其中，每个手指的下面两个关节各配备一个传感器，拇指配备两个传感器。有些数据手套还配备有外展传感器用来测量相邻手指之间的角度，在手的背面装配三维磁性跟踪器以侦测手掌的位置和方位。VPL 公司的产品使用串行总线来传输跟踪传感器和弯曲传感器的数据。

DataGlove 的关节旋转测量精度声称为 1 度，但是正式的测试和非正式的使用统计表明，实际的测量精度在 5 度～10 度之间。可以满足一般的手部跟踪和简单的手势输入的需求，但是不能很好地满足精细操纵和复杂手势识别的要求。30 Hz 的采样频率也不能适用于手部快速运动的场合，比如一些未经过培训的用户在时间受限的应用中使用该数据手套时。用户手的大小不同导致手套戴在手指上松紧程度不一样，为使通过测量得到的光强数据计算出的关节弯曲程度更为准确，每次使用数据手套时，都必须进行手套校正，使用过程中也可能需要再次校正，防止手套与手指之间滑动带来的误差。所谓手套校正就是把原始的传感器读数变成手指关节弯曲角度的过程。另外光纤存在疲劳问题，即光纤使用时间过长导致精度下降或折断。

图 2-5　VPL DataGlove 光纤数据手套

（5）Dexterous Hand Master

Dexterous Hand Master(DHM)最初是 Arthur D. Little 和 Sarcos 为 Utah/MIT 的 Dexterous Hand 机器手研发的控制器。1988 年，Arthur D. Little 向 Armstrong Aerospace Medical Research Laboratory 出售了一对左右手控制器，是继 VPL DataGlove 之后的第二个商品化的手势输入装置。DHM 现在由 Exos 公司重新设计和销售。

DHM 的外观并不像一副手套，而是佩戴在手上的类似外骨骼的设备，如图 2-6 所示。DHM 使用霍尔效应传感器来精确测量每个手指 3 个关键的弯曲和外展，并能测量拇指的复杂运动。对手测量的自由度可达 20 个，包括每个手指的 4 个自由度和拇指的 4 个自由度。定制的 A/D 转换电路板对关节传感器模拟信号的采样频率可达 200 Hz。非正式的使用统计表明,DHM的弯曲精度在1度之内。DHM不侦测手的位置和方位,需要时可以安装辅助的三维位置跟踪器。

尽管DHM是为机器手研制的,但是已经成功应用于手功能损伤的临床诊断等对精度与速度要求较高的场合。相对于其他手输入设备,响应速度快、分辨率高、精度高是DHM的主要优点。佩戴DHM的过程比较繁琐,需要做一些调整以适应不同人的手。尽管重量较轻,由于比普通手套体积大,当整个手抖动或者快速移动时也会缺乏稳定性,不适合某些特定的应用情景。复杂的机械设计造成了高成本,DHM是较为昂贵的传感手套。它在精度和校准上也存在与其他手套类似的问题。

图 2-6　Dexterous Hand Master 数据手套

（6）Power Glove

1989年,受VPL DataGlove成功的影响,Mattel玩具公司为任天堂娱乐系统(Nintendo Entertainment System,NES)生产了一款低成本的数据手套,用来作为游戏控制器,是第一款可以用手在电视机或者计算机屏幕上实时控制游戏角色运动的外部接口控制器。尽管是任天堂官方认证的,实际上,任天堂并没有参与该数据手套的设计和发布。Power Glove在美国由Mattel生产,在日本由PAX生产。该数据手套背部由富有弹性的橡胶制成,手掌部位用Lycra材料制成,手套的前臂上有传统的NES控制按钮、一个编程按钮、和标号为0～9的辅助按钮。按下编程按钮和数字按钮可以输入命令,比如改变A按钮和B按钮的火力,如图2-7所示。使用该手套控制器,游戏玩家可通过不同的手势来控制屏幕上的角色运动。

Power Glove的原理与采用光纤传感器的DataGlove类似,手指的背部橡胶里面包含导电墨水作为弯曲传感器,导电墨水中含有碳粒子,手指弯曲或者伸直时,导电墨水中碳粒子的浓度会发生变化,从而引起电阻值的改变,进一步影响传感器中电流的变化,然后根据电流的变化推算出手指的弯曲程度。

Power Glove 基于 VPL DataGlove 专利技术,但是经过多项修改后可以采用较低的硬件配置和价格进行销售。DataGlove 能够检测绕垂直轴的旋转(Yaw)、绕横轴的旋转(Pitch)、绕纵轴的旋转(Roll),如图 2-8 所示。DataGlove 光纤传感器检测四个手指的屈伸(因为小指通常跟着其他手指运动,为了节省成本,小指不检测),每个手指屈伸的精度为 8 比特,即 256 个位置。相比之下,Power Glove 使用导电墨水传感器,对四个手指检测,每个手指的检测精度为 2 比特,即 4 个位置,使得 Power Glove 能够在一个字节内存储所有的手指弯曲信息。当然,Power Glove 的精度低,并不是由于采用导电墨水传感器的原因,而是使用的 A/D 转换模块的限制。实际上,导电墨水输出到手套中微处理器的信号是模拟信号,微处理器将每个手指的模拟信号转换为 2 比特的数字信号。正是由于 Power Glove 的硬件配置和精度较低,销售价格也下降了很多,售价仅为同类产品的百分之一。

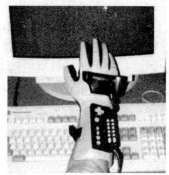

图 2-7 Power Glove

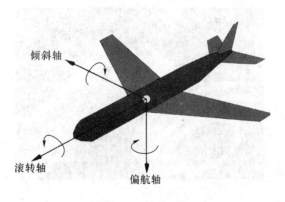

图 2-8 旋转轴示意图

手套上有 2 个超声波发射器,显示器屏幕边有 3 个超声波接收器,超声波发射器轮流发射 40 kHz 的超声波脉冲,系统测量超声波到达接收器的时间,进行三角测量计算,确定每个发射器的 X、Y、Z 坐标,从而判断手的偏航和滚转运动。唯一不能计算的维度是手的倾斜运动,这是因为当一个手做 Pitch 运动时,手上的两个超声波发射器的位置可以不改变。官方发布的 Power Glove 并没有提供与计算机连接的接口,但是有些人通过逆向工程,设计了与计算机串口连接的接口。

Power Glove 被应用在多款任天堂游戏中,甚至有两款游戏是专门针对 Power Glove 设计的,即 *Super Glove Ball* 和 *Bad Street Brawler*。这两款游戏都可以用 NES 传统的控制器来控制,但是其中的有些动作只能使用 Power Glove 来控制。*Super Glove Ball* 未曾在日本发行,也没有针对 Power Glove 的游戏在日本销售,导致了在日本 Power Glove 只能处于任天堂普通游戏控制器的地位,销量不佳,最终导致了日本 PAX 公司的破产。在推出 Power Glove 三年之后,美国 Mattel 公司也停止了 Power Glove 的生产。

（7）Cyber Glove 数据手套

Cyber Glove 由斯坦福大学的 James Kramer 研发,最初是一个将手语翻译为英语口语的项目的组成部分。在定制的布质手套上缝有 22 片成对的薄金属电阻片作为应变感应器,用以测量手指和手腕的弯曲,如图 2-9 所示。使用过程中,系统检测成对的应变片电阻的变化,由一对应变片的阻值变化间接测出每个关节的弯曲角度。当手指弯曲时,成对的应变片中的一片受到挤压,另一片受到拉伸,使两个电阻片的电阻值一个变大、一个变小,测量应变感应器的变化并输出模拟信号,模拟信号被微处理器转换为数字信号,输入计算机的串行接口,再经过校准程序得到关节弯曲角度,从而检测到各手指的状态,有的型号的手套还能侦测手指的张开与并拢。与 DataGlove 和 DHM 类似,手套上可以安装三维位置跟踪器以测算手的空间位置和方位。

非正式的实验表明,Cyber Glove 使用时有流畅、稳定的优点,弯曲精度则能保持在 1 度之内。这得益于 Cyber Glove 可以通过软件调整 A/D 硬件传感器的 offset 偏移和 gain 偏移,充分发挥传感器的性能、提高精度。Cyber Glove 由 Virtual Technologies 公司商业化并销售,具有佩戴舒适、使用方便、高精度和准确性的优点,适合应用于需要复杂手势、精细操作的场合。

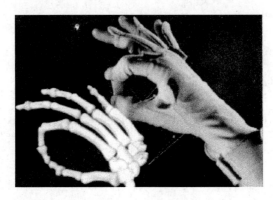

图 2-9　Cyber Glove

（8）P5 数据手套

2002 年,CyberWorld 公司发布了 P5 数据手套,通过指环套在手上感应手的运动,可以在二维或者三维模式下工作,如图 2-10 所示。设计较为轻便,产品重量仅为 127 g,能够实现 *XYZ* 轴、摇摆、倾斜及滚动的 6 自由度追踪,并免费提供 P5 兼容的游戏,包括《杀手 2》和《猎虎行动》,能运行于 Microsoft Windows 和 Mac OS 平台。性能方面,手指传感器对五根手指独立测量,精度达 0.5 度,刷新率 60 Hz。与之配套的红外光学跟踪系统刷新率 45 Hz,测量 XYZ 轴运动的精度为 1.27 cm,摇摆/倾斜/滚动的精度为 3 度。

图 2-10　P5 数据手套

(9) 影子机器人公司数据手套

2009 年,英国影子机器人公司(Shadow Robot Company)发布了一款名为 Cyber-Glove 的数据手套。这种数据手套可以拥有人类的灵活性和多功能性。如图 2-11 所示,影子机器人公司员工正在演示数据手套的功能,用数据手套控制机器人的手指运动。

图 2-11　影子机器人公司员工正在演示数据手套

(10) 5DT 公司的数据手套

5DT Ultra 数据手套由可伸缩的合成弹力纤维制造,可以适合不同大小的手掌,有左手和右手型号可供选择,有 5 个传感器和 14 个传感器两种型号。如图 2-12 所示。5DT 数据手套-5 Ultra 测量使用者的手指弯曲位置(每个手指 1 个传感器)。5DT 数据手套-14 Ultra 测量使用者的手指弯曲位置(每个手指 2 个传感器)、以及手指之间的夹角。它们的光纤传感器能够很好地区分每根手指的外围轮廓,并能区分手掌的倾斜和转动。手套通过一个 RS-232 接口与计算机相连接,同时它还提供一个 USB 的转换接口,这对于只有串行端口或嵌入式的设备非常有用。

5DT 数据手套也可以采用 5DT Ultra 无线套件以无线的方式使用。5DT Ultra 无线套件是 5DT Ultra 系列数据手套的一个即插即用套件,通过无线电模块与计算机通信(最远支持 20 m 距离),一个单块的电池用于高速连接时可持续使用多达 8 个小时。一个单台无线收发器和电池组可用于两个手套,既节省空间又节省能量,如图 2-13 所示。最多可同时使用 4 个无线套件(8 个手套)。

图 2-12　5DT 数据手套-Ultra　　　　图 2-13　5DT Ultra 无线套件连接 2 个手套

5DT 数据手套-MRI 磁共振成像系列是最优化的系列,可用于磁共振成像(MRI)的环境,有 5 个传感器和 14 个传感器 2 种型号,如图 2-14 所示。该手套本身不包含任何磁性零件。它通过光纤直接与一个控制盒(5～7 m 远)相连接。控制盒的接口通过串口(RS 232)的电缆与计算机相连。磁共振成像手套系列提供与数据手套超薄系列相同的 USB 接口功能,但在手套控制板之间采用 8 米长的纤维束。这种配置适合于不想让金属部件靠近用户的磁共振成像环境。

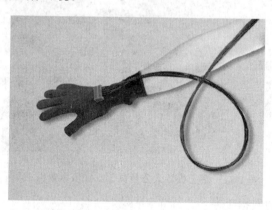

图 2-14　5DT 数据手套-Ultra MRI

5DT 数据手套佩戴非常舒适,但是对不同用户需要重新校正,同样也存在光纤使用寿命与疲劳问题。

(11) 数据手套应用现状及研制发展方向

数据手套把人手姿态准确、实时地传递给虚拟环境,而且能够把与虚拟物体的接触信息反馈给操作者。使操作者以更加直接、自然、有效的方式与虚拟世界进行交互,大大增强了互动性和沉浸感,特别适用于需要多自由度手模型对虚拟物体进行复杂操作的虚拟现实系统。随着虚拟现实技术在各个领域的广泛应用,数据手套的研制和应用也不断深入。例如,美国宇航局的 Ames 实验室将数据手套工程化,使其成为可用性较高的产品,在约翰逊空间中心完成空间站操纵的实时仿真。美国 Boeing 公司在飞机的设计过程建立了飞机的三维建模,使用数据手套对三维飞机模型进行控制,观察设计结果,考察性能指标。NEC 公司开发了虚拟现实系统,操作者通过使用数据手套可以处理三维 CAD 中的形体模型。

目前数据手套研究领域中仍存在着许多没有解决的理论问题和尚未克服的技术难点,需要人们去探索和寻找解决之道。今后研究的重点主要有以下几个方面。

① 研发具有真实感、性能可靠的力反馈数据手套

在日常生活中,物体反作用到手上的力量对人正确识别和准确操纵物体具有重要意义。在虚拟现实应用系统中,具有力觉反馈的数据手套是实现人机接触交互的理想接口装置之一,能够极大地增强数据手套的应用效果。所谓力反馈数据手套就是在传统数据手套上设置力反馈装置。当操作者戴上这种力反馈数据手套抓取虚拟物体时,力反馈装置根据远程机械手传递回来的力信号产生一个阻尼力,阻止手指做进一步的抓握运动。此时,这个阻尼力的大小和方向将与真实物体存在时对手指产生的作用力的大小和方向相同,感觉好像抓握了真实物体一样。数据手套中力觉反馈的存在进一步提高了用户对虚拟环境的"沉浸感"。美国 Immersion 公司生产了 Cyber Grasp 力反馈数据手套,由电机驱动,在每个手指上能够产生 12 N 的力。日本田中设计了由波纹管驱动的 Fluid Power Glove,美国 Burdea 设计了由 4 个微型气缸作为驱动器的 Rutgers Master Glove,但总的来说目前具有力反馈功能的数据手套不多,数据手套力觉反馈实现方法主要存在以下问题:1)因为大多采用电动机、气动、液压,造成体积过于庞大;2)摩擦力大,如气动、液压驱动,为了实现密封,难以实现小摩擦甚至零摩擦;3)安全性能差,大多是由伺服电机、压缩空气或电磁场等驱动的主动系统,一旦出现故障,容易给操作者造成伤害。需进一步提高性能、降低价格、增强实用性。

② 研发适用于数据手套的新型传感器

数据手套依靠传感器实时测算手指的弯曲、伸展角度等数据,其精度、实时性、健壮性等性能指标是数据手套交互能力的重要体现,这些性能指标归根结底直接取决于传感器的性能。目前尽管已经出现了多种数据手套传感器,如光纤、导电墨水、霍尔传感器、应变感应器等,但都存在各自的优缺点。另外,目前的数据手套传感器主要测量手部指关节角度变化情况,对手掌姿态角度测量较少。采用新技术、新材料、新结构,研制出精度高、体积小、成本低、不易损坏、易于更换的高性能传感,是数据手套能否进一步商品化、实用化的关键。

③ 硬件接口及软件环境的深入开发、提高设计工艺水准

研发数据手套通用的接口及专用软件,使其具备良好的可移植性、可扩充性,方便以后用户系统的更新升级。在数据手套及其部件的选材、设计组装等方面采用新材料、新工艺,既要佩戴方便舒适,又要易于组装维护,进一步提高整体性能。

2.1.2　数据衣

数据手套提供了手部姿态信息到计算机的输入,数据衣则可以实现人体姿态信息到计算机的输入。数据衣将大量的光纤、电极等传感器安装在一个紧身服上,可以根据需要检测出人的四肢、腰部的活动以及各关节(如腕关节、肘关节)的弯曲角度,输入计算机后可以控制三维重建的人体模型或者虚拟角色的运动。数据衣最重要的用途是动作捕捉,在三维动画创作等领域具有广泛应用。

VPL 公司研制的数据衣的原理与光纤传感器数据手套的原理相同,将大量的光纤传感器安装在一个紧身衣服上,对人体的主要关节进行测量,通过光电转换,它能测量出肢体的位置,从而得到人体的运动序列信息。目前应用较多的数据衣是基于光学传感器工作的。在一个动作捕捉工作室内,演员身穿数据衣,数据衣上有若干个由 LED 灯制成的跟踪点,这些跟踪点大多被放置在人体骨骼的重要部位,如关节位置。跟踪点开启后,LED 灯会向外发射近红外光谱。悬挂在工作室顶棚的若干台摄影机通过跟踪 LED 灯所发射的红外光谱来捕获对应跟踪点的运动数据,捕获的数据通过计算得到跟踪点在三维空间内的坐标和运动路径。把跟踪点的数据映射到虚拟角色对应的部位上,虚拟角色的动作就可以和演员的真实表演相匹配。

(1) 动作捕捉简介

动作捕捉(Motion Capture,Mocap)系统是虚拟现实系统的一种输入设备,表演者在每个关节附近佩戴标志点(Marker),通过标志点之间位置、角度数据的计算来捕获表演者的动作数据。这里的标志点是一种泛称,可以理解为不同形式和种类的传感器,比如利用声学、惯性、LED、磁性、反射原理的标志点。有的动作捕捉系统可能会使用两种或两种以上的标志点。动作捕捉起源于 1915 年 Max Fleischer 发明的"Rotoscoping"技术。Rotoscoping 简称 Roto,被翻译成动态遮罩或影像描摹,在当时为了制作出更流畅的人物动画来,通常的做法都是拍好真人的表演动作,然后动画师在现有表演动作的基础上重新绘制角色动画。一般是将录制好的影片的图像投影在一个表面比较粗糙的玻璃面板上,动画师按照投影图像逐帧手工描绘表演者的动作,以便将其与其他背景合成。实现投影的设备称为 Rotoscope,如图 2-15 所示。利用这种技术得到的手绘运动图像会给人一种栩栩如生的印象。比如,Ralph Bakshi 在 1978 年导演的 *The Lord of the Rings* 和 1981 年导演的 *American Pop* 影片中都用到了 Rotoscoping 技术。运动捕捉在 20 世纪 70 年代晚期开始发展,起初是以摄影测量学和生物力学的研究工具出现,后来在军事、娱乐、体育、医学等领域也有重要应用。在电影和游戏产业,运动捕捉系统主要用来捕获演员的动作数据,并用这些动作数据驱动计算机中 2D 或者 3D 角色模型的运动,以生成逼真的角色动画。运动捕捉系统还能够进一步捕获脸部、手指等的细微表情和姿态,通常称为表演捕捉(Performance Capture)。如图 2-16 所示为 2010 年上映、由著名导演詹姆斯·卡梅隆执导、二十世纪福克斯出品的电影《阿凡达》中的表情捕捉示意图。在许多领域,运动捕捉有时也被称为运动跟踪(Motion Tracking),但是在电影和游戏产业,运动跟踪通常是指演员运动和数字模型角色运动之间的匹配。

图 2-15　Fleischer 申请 Rotoscope 专利的示意图

图 2-16　电影《阿凡达》中的表情捕捉

在动作捕捉过程中,一个或者多个演员的动作被频繁采样,一些系统采样多个摄像机拍摄的图像,利用不同角度拍摄的图像计算标识点的三维坐标。要注意的是,动作捕捉系统只记录表演者的运动数据,不记录表演者的可视外表。通常将捕获到的运动数据映射到 3D 模型上,以使 3D 模型与表演者做相同的运动。有时,在表演者表演的过程中,为了使计算机生成的场景中的虚拟摄像机能够在摄影师的操控下进行水平摇拍(Pan)、垂直摇拍(Tilt)和推车拍摄(Dolly),动作捕捉系统不但要捕获表演者的动作,而且需要捕获摄像机和运动。只有真实摄像机和虚拟摄像机参数的高度统一才能保证计算机产生的 3D 模型角色、图像等场景与真实摄像机拍摄的视频有相同的透视图(Perspective)。

(2) 动作捕捉的技术分类

1) 光学式动作捕捉系统

光学式动作捕捉是运动捕捉的常见方式,光学式动作捕捉系统通常使用多个标定(Calibrate)后的相机在不同位置对同一对象同时进行拍摄,对获取的图像运用三角计算(Triangulation)原理计算对象的三维位置。传统上,图像数据的获取一般需要在表演者身穿佩戴特殊标志点的紧身数据衣,如图 2-17 所示。最近也出现了一些不使用标志点的系统,通过动态跟踪每个对象表面的特征也能准确地获取数据。如果跟踪大量的表演者或者更大范围,则需要使用更多的相机。这些系统能够为每个标志点产生 3 自由度的数据,但是其方向信息则需要从三个或更多标志点的相对方向信息来推算。比如,根据肩部、肘部和腕部标志点的相对位置能够推算出肘部的角度。最新的多种类传感器混合系统则联合使用惯性传感器和光学传感器以减少遮挡(Occlusion)、增大用户数量、提高跟踪性能,并且不需要手工整理数据(Clean up data)。

图 2-17　光学式动作捕捉

（a）被动式标志点动作捕捉

被动式标志点(Passive markers)光学运动捕捉系统使用涂有反光材料的标志点反射相机镜头附近发射的光。通过调整相机的阈值,使其只拍摄反射亮光的标志点,而不拍摄表演者的皮肤和衣物。

在拍摄的二维图像上,使用各个像素的灰度值来寻找标志点的高斯质心可以达到亚像素(sub-pixel)级的精度,标志点的质心作为其位置。

为了进行动作捕捉,通常借助一个在已知位置安装有标志点的物体标定相机、获取相机的位置,并且要测量相机镜头畸变。如果两个相机同时拍摄到了同一标志点,便可计算出该标志点的三维坐标。一个典型的动作捕捉系统通常包含 2～48 个相机。由于所有的被动式标志点外观相同,存在标志点错位(marker swapping)问题,有些系统为了减少标志点错位甚至使用了 300 多个相机。对表演者进行全方位的动作捕捉或者存在多个表演者时,往往需要增加相机的数量。

与主动式标志点或者磁性系统相比,被动式标志点系统仅使用数百个贴有反射条的橡胶球,不要求用户穿戴有线或者电子设备。在某些应用中,比如生物医学领域,标志点通常直接贴在皮肤上,如图 2-18 所示。更多的应用是将标志点固定在由弹性纤维或莱卡材料制成的专为动作捕捉而设计的服装上面,如图 2-19 所示。动作捕捉系统能以每秒 120～160 帧的速度捕获大量标志点,通过降低分辨率、缩小跟踪区域,甚至能够达到每秒 10 000 帧的速度。

(a)医学研究动作捕捉　　　　　　　　　　(b)演员表情捕捉

图 2-18　反光标志点固定在皮肤上面

图 2-19　反光标志点固定在特制的衣服上面

（b）主动式标志点动作捕捉

主动式标志点(Active markers)动作捕捉系统在表演者身上佩戴许多 LED 灯作为标志点,动作捕捉过程中,每次点亮一盏或者多盏 LED 灯,通过灯之间的相对位置来计算表演者的动作数据。与被动式标志点动作捕捉系统最大的不同在于标志点本身发射光线而不是反射外部光线。根据平方反比定律(Inverse Square law),辐射能通过空间传播时,光的强度与到光源的距离的平方成反比。因此,在同等发光强度和同等拍摄距离的前提下,与被动式系统相比,主动式标志点能够对相机提供 4 倍的能量,或者说主动式系统能够增大 2 倍的拍摄距离。电视剧《星际之门 SG1》的视觉特效中,演员要在星门的道具周边来回走动,采用被动式系统进行动作捕捉比较困难,因此使用了主动式系统。其他的一些著名电影的影视特效中也使用了主动式系统,包括工业光魔公司(Industrial Light & Magic,ILM)为 2004 年上映的《范海辛》(Van Helsing)制作的部分特效和维塔数码(Weta Digital)为 2011 年上映的《猩球崛起》(*Rise of the Planet of the Apes*)制作的部分特效。

主动式系统中,可以分时隙地依次为标志点接通电源,每次拍摄只给一个标志点接通脉冲电源,以便在捕获的每个帧中能够明确区分各个标志点、获得标识物的唯一 ID。这对一些实时应用来说非常重要,当然这在一定程度上降低了帧速率。另外还通过软件算法来区分各个标识物,但这往往会增大需要处理的数据量。主动式系统可以采用调时主动标识物(Time modulated active marker)技术提高性能。该技术在一定时间内跟踪多个标志点,对其电源进行幅度和脉冲宽度的调制,从而提供对各个标志点 ID 的辨别。借助标志点唯一的 ID 能够消除错位,提供更加整洁的捕获数据,减少手工整理数据所带来的负担。带有处理模块和无线同步功能的 LED 能够在室外直射阳光的环境中进行动作捕捉,如果配备高速电子快门,捕捉频率能达到每秒 120 帧以上。如图 2-20 所示为一个高精度主动式标志点动作捕捉系统示意图,分辨率为 3 600×3 600,频率 480 Hz,位置精度达到亚毫米级。

图 2-20　高精度主动式标志点系统

(c) 半被动式标志点动作捕捉

在 SIGGRAPH 2007 国际会议上出现了一种称为 Prakash 的半被动式标志点动作捕捉系统。Prakash 在梵语中为"照明"之意,系统采用投影仪为发射器,投影仪投出的光线是许多光柱组成的阵列。每个光柱由一个前面带有掩膜(binary film)的 LED 灯发出,光的强度变化序列实现了时间调制,掩膜的作用则相当于空间调制。投影仪每秒投影数千个不可见(近红外)的模式图像到被跟踪的场景中,实现对场景空间的光编码。使用的标志点不是被动反光标识点,也不是主动发光标志点,而是具有解码投影仪发射的光信号功能的感光标志点,每个标志点能够根据空间调制计算自身的位置、根据接收到的 4 个或更多 LED 光柱的信号强度计算自身的方位,位置和方位信息每秒钟计算数百次。此外,每个标志点还能测量接收的入射光和环境光的强度,这可以用于场景合成时的光照匹配。由于对整个工作空间都进行了光编码,系统的速度与标志点的数量无关,是一个常数。感光标志点能够在自然光环境中正常工作,并且可以嵌入衣服或者其他物体之中。如图 2-21 所示,多个 LED 灯组成的发射器可以装载在移动的汽车上,红外传感器标志点缝制在衣服里面,标志点自行计算其位置,在室外阳光下的捕捉频率可达到 500 Hz。

图 2-21　Prakash 室外动作捕捉

（d）无标志点的动作捕捉

基于标志点的动作捕捉需要用户佩戴许多标志点，并且在运动过程中容易松动，不是很方便。随着计算机视觉的发展，出现了无标志点的动作捕捉，用户无需穿戴特制的动作捕捉装备便可进行动作捕捉。斯坦福大学、马里兰大学、麻省理工学院等对此进行了较长时间的研究，Organic Motion 等公司也推出了一系列无标志点的商业化动作捕捉系统。比如，Organic Motion 公司基于计算机视觉研发的 OpenStage 动作捕捉系统不需要用户佩戴任何特制服装、标志点和设备，标定准备工作仅需几分钟便可开始实时运动捕捉，并且能够同时对多人进行运动捕捉，如图 2-22 所示。

图 2-22　OpenStage 无标志点动作捕捉

2）非光学式动作捕捉系统

（a）基于惯性传感器的动作捕捉系统

惯性动作捕捉技术基于小型惯性传感器、生物力学模型和传感器融合算法进行动作捕捉，不需要外部的摄像头、发射器、标志点。惯性传感器的运动数据通常通过无线的方式传输到计算机。大多数惯性系统使用陀螺仪来测量旋转速度，跟光学系统类似，所使用的陀螺仪的数量越多，所捕获的数据就越接近人的真实运动。惯性动作捕捉系统能够实时捕获全身 6 个自由度的运动，如果装备有磁性定向触感器，还能捕获方位信息。当然，磁性定向传感器的精度有限，并且受电磁噪声的影响。惯性系统的优点是轻便，没有摄像头拍摄范围和遮挡的约束，捕捉范围广，可在室内或者室外使用；缺点是位置精度较低、存在漂移，并且漂移会随着时间累计。Xsens 公司生产的 MVN 惯性动作捕捉系统在业界有一定的影响力,被一些影视拍摄剧组所使用,能够在15分钟之内迅速搭建捕捉系统,捕捉全身6自由度的运动。MVN系统可以采用穿戴莱卡材料的捕捉服装或者捆扎带的方式固定在表演者身上,如图2-23所示。

图 2-23 Xsens MVN 惯性动作捕捉系统

（b）基于机械原理的动作捕捉系统

机械式运动捕捉系统是一类像骨架一样的机械装置,由表演者穿戴在身上,测量其身体的相对运动、跟踪身体关节的角度。由于其固定在表演者身体上的外观,也常被称为灵巧骨架(exo-skeleton)运动捕捉系统。一般的,机械式系统是由互相铰接的金属或者塑料直条和电位计组成的刚性结构装置,如图2-24所示。机械式运动捕捉系统具有实时、成本低、不怕遮挡、无线自由的特点。有些系统还配备定位系统,并提供有限的触觉输入和力反馈功能。

图 2-24 机械式动作捕捉

（c）磁性跟踪系统

磁性跟踪系统一般由电磁场发射器、接收器和电子控制单元组成,利用安装在人体上的传感器。电磁场发射器使用交流电或者直流电发射低频电磁场,作为传感器的接收器安装在人体上测量磁通量的变化。发射器和接收器都连接到电子控制单元,电子控制单元输出传感器捕获的数据到计算机,以用来推算被跟踪物体或部位 6 自由度的位置和方位。相对于基于标志点的光学系统,使用较少的传感器便能取得较好的效果。磁性系统不受非金属物体遮挡的影响,但是容易受环境中金属物体电、磁干扰的影响,比如混凝土建筑物中的钢筋、电线等都会影响磁场,监视器、灯、线缆、计算机等电源也会产生干扰。磁性系统的传感器是非线性的,尤其在捕捉区域的边缘非线性表现得越强。所谓非线性是指传感器测量到的磁通量的变化与位置、角度的改变不成正比关系,这在一定程度上增大了推算位置和角度的难度。在磁性跟踪系统中,可以使用 6 个以上的传感器跟踪人体关节的运动。基于传感器数据,运用反向运动学(Inverse Kinematics,IK)解算不同关节的角度并可以补偿传感器偏离关节旋转中心的偏移误差,但是反向运动学会增加系统开销,尤其是在实时应用中会产生一定的影响。另外,反向动力学方法需要对接收到的数据进行估算,容易产生"关节脱臼"问题。磁性线圈传感器一般也比较笨重,在动作捕捉过程中,传感器容易移动,因而需要多次校准和标定。

　　磁性跟踪系统除了用于动作捕捉,还可以用于对目标物体的跟踪定位,比如大多数手的跟踪都采用电磁跟踪系统,如图 2-25 所示。主要原因是手可以伸缩、摇晃、甚至被隐藏,磁性跟踪系统不会影响其使用,也不会限制手的各种运动,相比之下,光学等跟踪系统在遮挡时会失效。

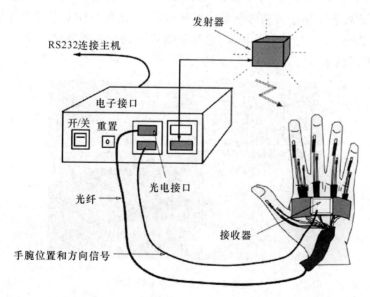

图 2-25　电磁跟踪与收据手套整合(只跟踪手的位置和方位,而不是关节)

（3）微软 Kinect 系统

　　Kinect 是微软为 Xbox 360 游戏开发的运动传感输入设备。该输入设备于 2009 年 6 月 1 日的 E3 游戏展中初次公布,当时的名字是 Project Natal(诞生计划)。Natal 是一个拉丁名称,事实上是巴西东北部的一个城市,在拉丁语中意味"初生"(To be born)。2010 年 6 月 14 日的 E3 游戏展,微软宣布 Project Natal 的正式名称为"Kinect","Kinect"为

Kinetics(动力学)加上 Connection(连接)两字所自创的新词汇。Kinect 在 2010 年 11 月 4 日于美国上市,建议售价 149 美金;2010 年 11 月 10 日于欧洲上市;2010 年 11 月 18 日于澳大利亚、新西兰、新加坡上市;日本和台湾地区则在 2010 年 11 月 20 日上市。2012 年 2 月 1 日,微软正式发布面向 Windows 系统的 Kinect 版本"Kinect for Windows",建议售价 249 美金。伴随 Kinect 的上市,Kinect 还推出了多款配套游戏,包括 Lucasarts 出品的《星球大战》、MTV 推出的跳舞游戏、宠物游戏、运动游戏 *Kinect Sports*、冒险游戏 *Kinect Adventure*、赛车游戏 *Joyride* 等。Kinect 系统在销售前 60 天内,售出八百万套,成为全世界销售最快的消费性电子产品,创造了新的吉尼斯世界纪录(Guinness World Record)。截至 2012 年 1 月,Kinect 系统售出 2 400 万套。2011 年 6 月 16 日,微软发布了 Windows 7 版本的 Kinect 软件开发工具包(Software Development Kit,SDK),用户使用该 SDK 可以使用 C++/CLI、C♯ 和 Visual Basic. NET 等开发 Kinect 应用程序。2013 年 5 月 21 日微软发布了新版 Kinect,具有 1080p 高清广角摄像头等更精确的感应装置,可以最多同时跟踪 6 人的运动、侦测手势,甚至可以检测肌肉活动和心跳。

Kinect 外观类似三维摄像头,是一种 3D 体感摄影机,如图 2-26 所示。Kinect 有三个镜头,中间的镜头是 RGB 彩色摄影机,左右两边镜头则分别为红外激光投射器(IR Projector)和红外线单色 CMOS 摄影机所构成的 3D 结构光深度感应器。Kinect 还搭配了追焦技术,底座马达会随着对焦物体移动跟着转动。Kinect 也内建阵列式麦克风,由多组麦克风同时收音,比对后消除杂音。Kinect 能够捕捉使用者的肢体动作、识别语音指令,允许游戏玩家不用手持或踩踏游戏控制器,而是使用身体姿态和语音指令等自然的用户接口与 Xbox 360 交互,带给玩家"免控制器的游戏与娱乐体验",使人机互动的理念更加彻底地展现出来。

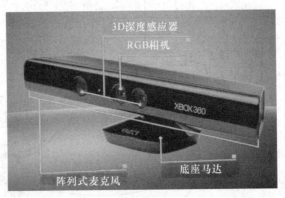

图 2-26　Kinect 的主要构成

Kinect 的三维测量技术是由以色列 PrimeSense 公司提供的光编码(Light Coding)专利技术。不同于传统的飞行时间(Time of Flight,ToF)或者结构光测量技术,光编码使用连续的照明而非脉冲照明,也不需要特制的感光芯片,而只需要市场上普通的 CMOS 感光芯片,从而极大地降低了成本。光编码利用光源照明对需要测量的空间编码,本质上还是结构光技术,但与传统的结构光方法不同之处在于光编码的光源投射出去的不是一副周期性变化的二维图像编码,而是一个具有三维纵深的"体编码"。该光源称为激光散斑(Laser Speckle),是当激光照射到粗糙物体表面反射或通过(折射率)随机不均匀媒质(如毛玻璃)传播后形成颗粒状的随机强度分布,称为散斑或斑纹图样。这些散斑具有高度的随机性,而且会随着距离的不同变换图案。也就是说空间中任意两处的散斑图案都是不同的。只要在空间中投射该类结构光,就对整个空间做了标记,利用空间中物体上面的散斑图案,便可以计算物体在空间中的位置,如图2-27所示。具体来说,PrimeSense的专利中表明系统需要先对光源进行标定:每隔一段距离,取一个参考平面,把参考平面上的散斑图案记录下来。假设Kinect规定的用户活动空间是距离电视机1~4 m的范围,每隔10 cm取一个参考平面,保存整个空间的30幅散斑图案。当进行测量时,拍摄一副待测场景的散斑图像,将这幅图像和事先保存的30幅参考图像依次做互相关运算,从而得到30幅相关度图像,空间中有物体存在的位置,在相关度图像上会显示出峰值。把这些峰值一层层叠在一起,再经过一些插值运算,最终得到整个场景的三维形状。Kinect系统在此基础上,采用多点探测的方法来检测用户的每一个动作,然后对比系统内的人体模型发出控制信号,系统会自动匹配不同人的人体骨骼模型,并将其关联到系统中,模型的关键点在25个以上,如图2-28所示。

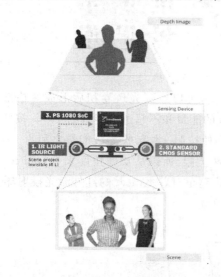

图 2-27 PrimeSense公司空间感知技术示意图

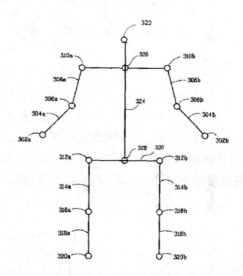

图 2-28 人体骨骼模型

Kinect中红外激光投射器的作用是投射出随机的激光散斑,即结构光,通过红外摄像头采集所标记的结构光,交由PS1080芯片进行计算后得到最终的景深数据。红外激光投射器的原理如图2-29所示。红外激光生成器(42)射出准直后的激光束(44),通过光学衍射元件(DOE)进行散射,进而得到所需的散斑图案。PrimeSense专利中的光学衍射元件可以通过多种组合来实现。在Kinect中,PrimeSense采用扩散片(48)和光栅(50)来实现。扩散片的作用是将激光光束散射成不规则分布的点状散斑图案,由于扩散片对于光束进行散射的角度(FOV)有限,所以需要光栅将散斑图案进行衍射"复制"后,扩大其投射角度。这种"复制"效果被称为光学卷积,从图2-30的原理图可知,当光束通过扩散片(如毛玻璃)后产生的散斑,再经过光栅后进行卷积就能得到所需透射角度的散斑。

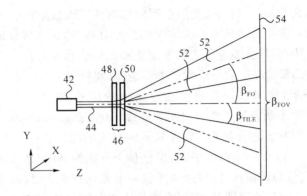

图 2-29　红外激光投射器原理

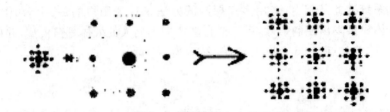

图 2-30　光学卷积示意图

图 2-31 为 PrimeSense 专利中激光散斑示意图,可以看到光斑卷积后形成 9 格散斑图案。PrimeSense 专利中声明所有散斑中心零级的能量和不超过总能量的 1%。按照微软公布的数据,Kinect 所用激光功率为 60 mW,即使按照 9 块散斑零级能量之和为 1%计算,各零级能量也远低于安全激光规定的 0.4 mW 上限,所以从功率角度来看,Kinect 所提供的激光光源是安全的,但是应该避免眼睛近距离正对着 Kinect 的红外激光投射器。

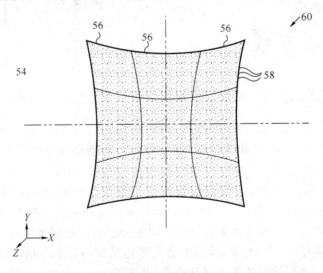

图 2-31　激光散斑示意图

（4）表演捕捉

在影视领域，逼真的虚拟角色能够在真人电影中发挥很大的作用，动作捕捉实现了演员对虚拟角色动作的控制。进一步，如果虚拟角色的动作和面部表情都可以由演员控制，则可以大幅度提升影片的感官真实性，该类技术称为表演捕捉（Performance Capture）。表演捕捉包括两个方面：一是肢体动作捕捉，即前面所说的动作捕捉；二是面部表情捕捉，捕捉面部表情，并用这些表情来操纵虚拟角色的表情，比捕捉肢体动作更加困难，这是因为面部的动作微小，也更加难以捉摸。

由罗伯特·泽米基斯导演 2004 年上映的《极地特快》是一部运用面部捕捉技术并完全由电脑生成的电影。汤姆·汉克斯饰演了影片中的大部分角色，运用了动作捕捉和面部表情捕捉。拍摄期间，汤姆·汉克斯身体附着了 80 个标志点，脸上贴了 152 个标志点，8 台摄像机负责捕捉他的身体动作，56 台摄像机用来捕捉面部表情。通过标志点的位置确定面部肌肉组织的位置，控制影片角色的虚拟肌肉也做相应的运动，从而将捕获的汉克斯表情重新映射到影片中列车长、男孩、圣诞老人等虚拟角色的脸上，如图 2-32 所示。

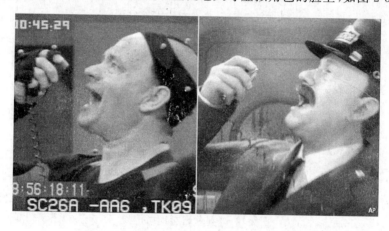

图 2-32　汤姆·汉克斯在《极地特快》中表演

在电影《阿凡达》的拍摄过程中，为了捕捉面部表演，演员们带着特制头套，微型摄像机安装在头套上，以便固定在演员面前进行拍摄。演员面部的主要肌肉上涂有 52 个绿色标志点，不同于"发光小球"，这些绿色标志点直接绘制在面部表皮组织上，因而可以捕捉到更细微的表情。然后，演员的肢体和面部动作被映射到纳威人（Na'vi）模型上，使它们做出逼真的动作和表情。利用微型摄像机，实现了面部表情与肢体动作同时但是相对独立的捕捉，演员们穿着表演捕捉服在放置了多达 197 台摄像机的摄影棚里完成拍摄。安迪·瑟金斯（Andy Serkis）是知名的表演捕捉演员，他扮演的《指环王》中的咕噜姆、《金刚》中的金刚、《猩球崛起》凯撒等角色都采用了表演捕捉技术，如图 2-33 和图 2-34 所示。

《猩球崛起》首次实现了在户外实景环境中的动作捕捉，能够避免后期虚拟角色与环境匹配时光线、角度之类的瑕疵，与之前的动作捕捉系统只能在一个专属的摄影棚内完成相比是一个很大的进步。被动光学式捕捉系统只能在特定的无干扰的环境中完成，在户外光线下运用存在很大困难。因此在《猩球崛起》拍摄过程中，为了让安迪·瑟金斯穿着表演捕捉服与詹姆斯·弗兰科、芙蕾达·平托等演员同场演戏，威塔公司使用能发射红外线的 LED 串代替反光球,这些 LED 每个的发射频率不同,所以系统能准确判断哪个数据来自哪个确定的点,而且 LED 的红外线在剧组拍摄用的胶卷中无法显示,也不会引起电影胶卷的光污染。这一改进,为表演捕捉技术走出摄影棚提供了基础,如图 2-35 所示。

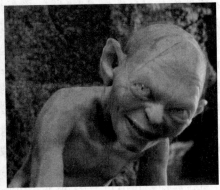

图 2-33　电影《指环王》中的动作捕捉

图 2-34　《猩球崛起》中的凯撒

图 2-35　《猩球崛起》拍摄中的户外表演捕捉

（5）动作捕捉的应用

动作捕捉在影视、游戏领域得到了广泛的应用,除此之外,动作捕捉技术在其他领域的应用也有逐步扩大的趋势,比如战斗机中跟踪飞行员的头部运动,汽车设计中跟踪驾驶员的操作动作。水下动作捕捉也开始进入实用领域,利用水下动作捕捉系统观察轮船水下部分、潜艇、海洋输油管等应用的运动,研究游泳运动员、跳绳选手的水下动作是否规范科学,好莱坞的影片拍摄过程中甚至捕捉水下真实的动作。

福特汽车公司的虚拟工程实验室使用动作捕捉设备来研究驾驶员操控汽车时的动作。把捕捉的各种动作映射到不同身高、体重和体型的虚拟人身上,运用这些虚拟人可以对各种汽车设计进行数以万计的测试,了解各类人群对汽车设计的要求,是提高工程设计质量、节省设计成本、缩短设计周期的有效手段。能够优化汽车设计、提高舒适性、使设计更加符合人机工程学规范,如图 2-36 所示。

图 2-36　福特公司运用动作捕捉系统辅助汽车设计

好莱坞两大主流媒体之一的 *Hollywood Reporter* 报道称在电影《阿凡达》续集的拍摄过程中将使用水下动作捕捉系统。Qualisys 公司在瑞典于 2011 年 6 月使用水下动作捕捉系统记录游泳运动员的动作信息,并进行统计分析。在该次试验中,共使用了 10 个水下摄像头和 5 个陆上摄像头,包括运动员的头部、肩部、腿部等部位都设置了光学标志点,如图 2-37 所示。Manhattan Mocap 公司对参加 2012 年伦敦奥运会的美国游泳运动员 Dana Vollmer、跳水运动员 Abby Johnston 和 Nick McCrory 在 UC Berkeley 和 Duke University 训练过程从不同角度进行了动作捕捉,并进行了三维重建和运动分析,如图 2-38 和图 2-39 所示。图 2-38 为捕捉到的 3 枚金牌得主 Dana Vollmer 的泳姿与海豚运动对比,图 2-39 为对 Abby Johnston 进行运动捕捉做准备工作。

图 2-37　Qualisys 公司水下动作捕捉系统

图 2-38　Dana Vollmer 泳姿与海豚对比

图 2-39　对 Abby Johnston 进行运动捕捉

相比陆上动作捕捉系统,水下动作捕捉系统最关键的设备是水下摄像头,摄像头有防水外罩,外罩涂层能够防止海水、游泳池中氯水的腐蚀,可以应用于海洋、游泳池等环境。除了防水、防腐蚀要求,光线在水中与空气中的传播特性也不同,这对摄像系统也提出了特殊要求。我们都知道海水是蓝色的,这是因为海水对不同波长的光线吸收程度不同,对红光的吸收能力强于蓝光。这意味着,水下拍摄时被拍摄物体距离摄像头越远,所拍摄的画面越蓝,如图 2-40 所示。在图 2-40 中,前景的沉船由于有闪光灯辅助照明,沉船的所有颜色都是可见的,闪光灯照明范围内的鱼也具有本身自然的颜色,但是远处的鱼的颜色偏蓝。远处的太阳光并非白色,而是显示为青蓝色。从这个意义上来讲,海洋是一个巨大的青蓝色滤波器。因此,在水下动作捕捉系统中,为了最大程度地减少光线在水中的衰减,往往使用青蓝色闪光灯,而不是使用常用的红外光。另外,由于水与空气的折射率不同,水下动作捕捉系统需要专门的内部和外部标定。通常情况下,水下摄像头能够拍摄15～20 m 范围内的物体,当然水的质量和所采用的标志点的种类也会影响动作捕捉的范围。当水质清澈时,动作捕捉的范围会大。

图 2-40　水中拍摄的画面

2.1.3　三维鼠标

三维空间中的对象一般都具有空间 6 自由度信息,对它们的操作一般要求跟踪控制装置具有 6 自由度,传统的二维鼠标只能在平面上运动,不能方便地对三维物体进行操纵,因此更多自由度的鼠标成为重要的研究方向之一。

清华大学王兴风、秦开怀设计并实现了 5 自由度三维 USB(通用串行总线)鼠标。实现了硬件电路、固化程序、驱动程序和应用程序的设计等。该鼠标在传统二维鼠标的基础上增加了 2 个自由度,这 2 个自由度以滚轮的形式分布在鼠标的两侧,分别实现绕 X 轴和 Y 轴的旋转,即鼠标的 5 个自由度分别是:沿 X、Y、Z 轴的移动和绕 X 轴、Y 轴的旋转。该鼠标兼容传统的二维鼠标,接入计算机就能直接当传统的二维鼠标使用,安装新的驱动程序后能实现三维交互输入,单手操作即可。如图 2-41 所示是 5 自由度 USB 鼠标样机,外壳是由现有旧鼠标的外壳改装而成,新增的 2 个自由度分布在两侧,分别用大拇指和无名指或中指操作,符合人体工程学原理,按键和其他自由度的位置和操作都与 3 个自由度的二维鼠标保持不变。

图 2-41 5 自由度 USB 鼠标样机

6 自由度的三维鼠标能够更加有效地实现与三维虚拟现实场景的模拟交互,可从不同的角度和方位对三维物体观察、浏览、操纵。三维鼠标的 6 个自由度如图 2-42 所示,可以跟踪三维空间的位置信息和方向信息,即 X、Y、Z 坐标值和偏航角(Yaw)、倾斜角(Pitch)、滚转角(Roll)。其工作原理是在鼠标内部装有超声波或电磁发射器,利用配套的接收设备可检测到鼠标在空间中的位置与方向。

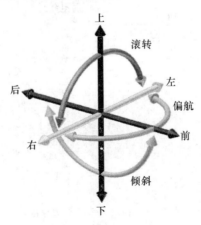

图 2-42 三维鼠标的 6 个自由度

Logitech 三维鼠标是一种基于超声波的三维空间位置传感器,硬件由发射器(Transmitter)、接收器(Receiver)和控制单元(Control Unit)3 部分组成,如图 2-43 所示。其工作原理为:发射器发射超声波信号,控制单元通过接收器检测这些信号,并据此计算出接收器的位置和方向值,然后控制单元把这些数据和鼠标键状态传递到主机。超声波技术可以避免由金属或显示器所产生的干扰。

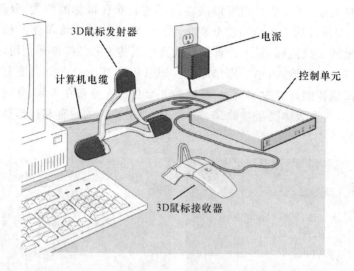

图 2-43　Logitech 三维鼠标的硬件构成

发射器由 3 个超声波扬声器组成,呈三角形排列,每个扬声器均以 100 度圆锥形向空间发出 23 kHz 的超声波,3 个超声波圆锥在发射器前方相互重叠的交集空间为"有效工作区"(Active Area)。接收器只有在有效工作区内移动,其位置、方向及按键状态等信息才能被跟踪到。有效工作区边缘距超声波扬声器 5 英尺,其中外围 1 英尺的带状范围是"边缘区域"(Fringe Area),当接收器进入边缘区域时,控制单元会向计算机主机报告该状态,计算机主机警告用户接收器已经逼近边缘区域,如图 2-44 所示。

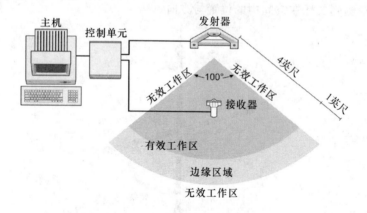

图 2-44　有效工作区与边缘区域

接收器在前端有 3 个麦克风,呈三角形排列。接收器利用这 3 个麦克风,在有效工作区内以 50 次/秒的频率对发射器发出的超声波信号进行采样,并通过与控制单元的连线把采集到的信号送至控制单元,然后控制单元对 3 个超声波信号的相对时间进行三角测量,从而计算出接收器的位置、方向及按键状态等信息。接收器上有 5 个按键,其中顶部有 3 个按键,相当于传统鼠标的左键、中键和右键;左右各有 1 个暂停键,左暂停键为右手用户设计,右暂停键为左手用户设计,暂停键的作用是移动接收器时暂停向主机发送鼠标的状态数据,该功能主要用来重新调整接收器的位置而不会移动电脑屏幕上的虚拟物体。如果需要,用户可以为暂停键定义新的功能以满足特定应用的需求,如图 2-45 所示。控制单元是 Logitech 三维鼠标的系统核心,发射器和接收器均与其相连。它通过 RS232 串口向主机传输三维鼠标的各种信息字节流,比如鼠标的位置、方向及按键状态等状态数据。

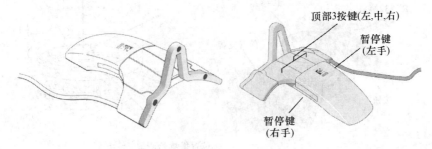

顶部3按键(左,中,右)
暂停键
(左手)
暂停键
(右手)

图 2-45 接收器的麦克风和按键

Logitech 三维鼠标有两种工作模式:二维模式和三维模式。在三维工作模式下,接收器可以沿着 X、Y、Z 轴做平移运动和旋转运动,控制单元计算出接收器的位置和选择角度并输入计算机。当接收器在有效区域内移动时,对 X、Y、Z 轴的测量精度为 0.01 cm,对偏航角、倾斜角和滚转角的测量精度是 0.1 度,能够准确跟踪 0.76 m/s 的移动速度。在二维工作模式下,Logitech 三维鼠标与传统的二维鼠标类似,控制单元仅向电脑主机传送二维的位置数据。同时,接收器的有效工作区也被限制在发射器底部所在的平面上,比如,当发射器放置在桌面上时,若接收器离开桌面高度 1.3 cm 时便超出了有效工作区的范围。最大分辨率为 400 DPI,能够跟踪 0.76 m/s 的移动速度。这里我们介绍一下鼠标分辨率的概念:鼠标的分辨率即光电感应度,用来描述鼠标的精度和准确度,单位是 DPI 或者 CPI,其意思是指鼠标移动中,每移动一英寸能准确定位的最大信息数。显然鼠标在每英寸中能定位的信息数量越大,鼠标就越精确。对于以前使用滚球来定位的鼠标来说,一般用 DPI 来表示鼠标的定位能力。DPI 是 Dots Per Inch 的缩写,意思是每英寸的像素数,这是最常见的分辨率单位。当现在常见的光电鼠标出现后,发现用 DPI 描述鼠标精确度已经不太合适,因为 DIP 反映的是静态指标,用在打印机或扫描仪上显得更为合适。由于鼠标移动是个动态的过程,用 CPI 来表示鼠标的分辨率更为恰当。CPI 是 Count Per Inch 的缩写,这是由鼠标核心芯片生产厂商安捷伦定义的标准,意思是每英寸的采样率。目前市场上的二维鼠标分辨率都在 800 DPI 以上。

2.1.4 力矩球

力矩球,也称为空间球(Space Ball),是一种可作为 6 自由度的外部输入设备,由安装在一个小型的固定平台上的小球组成,可以扭转、挤压、拉伸以及来回摇摆,用来控制虚拟场景做自由漫游,或者控制场景中某个物体的空间位置及其方向。小型固定平台上装有 6 个发光二极管,小球有一个活动的外层,也装有 6 个相应的光接收器,如图 2-46 所示。当使用者用手对球的外层施加力或者力矩时,根据弹簧形变的法则,6 个光传感器测出 3

个力和力矩的信息,将其测量值转化为 3 个平移运动和 3 个旋转运动的值送入计算机中,计算机根据这些值来改变其输出显示。力矩球的优点是简单而且耐用,可以操纵物体。但在选取物体时不够直观,在使用前一般需要进行培训与学习。

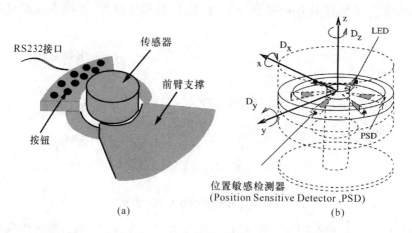

图 2-46　力矩球的原理图

3Dconnetion 公司生产的 Space Ball 5000 由银灰色工程塑料制成,为左手设计,控制器的主要部分是由一个黑色的球体以及 12 个快捷按钮组成,球体使用橡胶材料包裹金属球体制成,类似机械鼠标的轮珠,黑球可以自由的小角度旋转,与计算机通过 USB 接口连接,如图 2-47 所示。

图 2-47　3Dconnetion Space Ball 5000

在黑球的两侧设计有很多快捷按钮,左侧有 1~9 等 9 个按键,右侧有 ABC 三个按键。使用左手操作加右手鼠标几乎可以完成常用的所有操作,而且这种设计可以解放右手,使右手不必在两个操作器之间频繁地切换。通过和传统的鼠标结合使用,Space Ball 5000 可以更有效和平衡的方式来工作。通过一只手中的控制器进行平移、缩放、旋转模型、场景、相机的同时,另一只手可以用鼠标进行选择、检查、编辑。使用该款产品可以在 3DMAX、MAYA 等 3D 软件中简单地使用一只手来操作 3D 建模,精准有效,操作符合人类的思维习惯。控制器使用中心的黑球部分来模拟 3D 模型的物理位置,通过球体的移动来计算产品的位移值,从而达到移动物体的目的。例如设计者想增加一个模型的高度值,在以往的情况下需要去改变产品高度的数值来查看效果,而使用这个 Space Ball 只需要把小球向上拉就可以了。另外该款产品还支持很多的 2D 软件,如 Photoshop、Office等,通过黑球的前推后拉,可以快速地实现目标放大,缩小,图片旋转、滚动条的滚动等操作,非常方便。在生产效率方面最高提升 30%,而在鼠标的重复移动上至少降低一半。

2.1.5　操纵杆

操纵杆的基本原理是将塑料杆的物理运动转换成计算机能够处理的电子信息。操纵杆已在各种机械设备上得到应用,包括 F-15 喷气式战斗机、挖掘机和轮椅。在虚拟现实领域,利用操纵杆可以实现手对虚拟物体的控制。不同操纵杆技术的差别主要体现在它们所传送的信息的多少。许多早期游戏控制台中的最简单的操纵杆只不过是一个特殊的电子开关。

图 2-48　操纵杆控制器

大多操纵杆包括一个安放在带有弹性橡胶外壳的塑料底座上的杆状手柄,如图 2-48所示。在底座中手柄正下方位置装有一块由一些"印刷线路"组成的电路板。这些线路连接到几个接触触点,从这些触点引出电线连接到计算机。印刷线路构成了一个简单的电路,实现将电流从一个触点传送到另一个触点。当手柄处于中间位置时,亦即操纵杆处于初始状态,尚未被推向任何一边时,除了一个电路之外的所有其他电路均处于断开状态。由于每条线路中的导体材料并没有完全连接,因此电路中没有电流通过。每个断开部分的上方覆盖着一个带有小金属圆片的简单塑料按钮。当朝某一方向移动手柄时,手柄便会向下挤压其中的一个按钮,使导电的金属圆片接触到电路板,从而使电路闭合,完成两个线路部分的连接。当计算机检测到特定线路上的电流后,便能够判定操纵杆手柄当前所处的位置。比如,向前推操纵杆将会闭合"前进开关",而向左推则会闭合"左移开关",依次类推。在某些设计中,计算机还能在操纵杆闭合两个开关时识别出对角线位置。例如,同时闭合前进开关和左移开关意味着向左前方的对角线运动。操纵杆上往往集成了一些按钮,按钮的设计原理与操纵杆的移动原理相同。当按下某个按钮时,会闭合相应的一个电路,计算机识别出该按钮所对应的操作。

这种设计以绝对值而非细微变化的形式来处理操纵杆的运动，并不能区分向前轻推操作杆的动作和将操作杆向前一直推到头的动作，对它来说两者传送的都仅仅是一个表示向前进的数值。对于某些虚拟现实应用，如模拟飞行而言，这种设计存在局限性，模拟飞行应用需要能够检测到细微位移的运动。

为了向计算机传递完整的运动过程，操纵杆需要测量其在两个轴上的位置：X 轴（从左到右）和 Y 轴（自上到下），X-Y 坐标系标明了操纵杆手柄所在的位置。大多操纵杆的手柄移动一个安装在两根可旋转开槽轴中的窄棒。前后扳动操纵杆手柄将使 Y 方向轴从一侧转动到另一侧。左右扳动操纵杆手柄将使 X 方向轴转动。沿对角线移动操纵杆手柄时，会使两个轴同时转动。当松开操纵杆时，几个弹簧会将操纵杆弹回中央位置。操纵杆控制系统仅需监视每一个轴的位置就能确定操纵杆的位置。

传统的模拟式的操纵杆通过两个分压器或可变电阻来达到上述目的。每个分压器由一个卷曲导轨形式的电阻和一个可移动的触臂组成，沿着导轨移动触臂，可以增大或减小电阻值。如果触臂位于与分压器输入连接端相对的另一端，线路中的电阻最大。如果触臂靠近输入端，则分压器的电阻最小。每个分压器连接到操纵杆的一个轴，因此转动轴将会移动触臂。也就是说，如果将操纵杆向前推动到头，则会将分压器触臂移动到导轨的一端，如果回拉操纵杆，则将触臂向另一方向移动。改变分压器的电阻值可以改变接入分压器的电路中的电流。通过这种方式，分压器先将操纵杆的物理位移转换成电信号，再将信号传递到计算机上的操纵杆端口。此电信号是模拟信号，因此计算机需要进行模数转换将其转换成数字信息。因此许多操纵杆中存在一个灵敏的模数转换芯片，转换器直接向计算机传送数字信息，从而提高了操纵杆的精确度并减轻了主机处理器的工作。

有些操纵杆放弃了模拟分压器技术，转而采用类似光学计算机鼠标的光学传感器，以数字方式读取操纵杆的运动位置。在这个系统中，两个轴连接到两个开槽轮盘。每个轮盘都位于两个发光二极管（LED）和两个光电池之间。当每个 LED 发出的光透过一个槽孔时，轮盘另一侧的光电池就会产生微弱的电流。当轮盘轻微转动时会阻挡光线，此时光电池产生微弱的电流或者不会产生电流。轴旋转时将带动轮盘转动，移动的槽孔会反复阻挡射向光电池的光束。这使得光电池产生高速电流脉冲。根据光电池产生的脉冲数量，处理器计算操纵杆移动的距离。通过比较来自监测同一个轮盘的两个光电池的脉冲图，处理器就可以计算出操纵杆移动的轨迹。目前的操纵杆通常连接到计算机的 USB 端口，这可以提高速度和可靠性。

操纵杆的优点是灵活方便，相对于其他虚拟现实设备价格低廉。缺点是只能用于特殊的环境，比如模拟飞行等。

2.1.6 笔式交互设备

纸笔方式因其丰富的表达能力以及便携的特性，使它成为文字交流中最普遍的方式。从社会科学和认知科学的角度来看，笔式交互基于纸笔交互的思想，模拟了人们日常的纸笔工作环境，这种交互方式非常自然。从技术的角度而言，相应硬件设备和软件技术的发展，以及认知心理学、人机功效学等相关学科的相互促进，使得笔式交互的研究成为热点。从人类的发展和人的成长过程来看，人与人之间的交流方式经历了从情感发展到语言、再到纸笔文字、然后到目前的电子信息交流方式等几个阶段。而人与计算设备之间的交流方式,恰好与上述方式的发展进程相反。因受自身技术的制约,人与计算设备之间逐步从电子信息交流方式发展到纸笔方式、再到语言交流方式、最终可能到情感交流方式。而从目前和未来若干年来看,纸笔交互方式是人机交互的一种重要形式。现实生活中人们大量地使用纸笔方式自然地表达和交流各种信息,它可以帮助人们方便地捕捉想法、记录事件、进行抽象思考和形象地描述等。笔式用户界面研究力求使得这些传统的、无处不在的活动可计算,在保持传统工作方式自然性的同时,使人们高效地利用计算资源,实现对信息的各种维护,如修改、检索、传输、再加工和分析等。

笔式交互固有的非精确性和强的信息表达能力,使得它有利于表达思想的快速原型和进行自然的交流。作为笔式用户界面研究的一个重要标志,1991年,施乐Palo Alto研究中心(Xerox PARC)研制了一个白板大小的、可以用专用笔进行直接交互的笔交互设备(Live Board),它可以用于会议室和教室,并开发了基于该交互设备的软件,提出了许多现代笔式用户界面研究的基本思想和概念。与此同时,该公司的马克·威瑟(Mark Weiser)提出了"普适计算"的思想,笔式用户界面是该计算环境的一个主要的人机界面形态,从而将研究工作推向了高潮。美国麻省理工(MIT)的多模式界面AGENTS项目包含了研究智能笔技术的内容,该项目将智能笔技术和其他的多模式输入技术,如语音识别和表情识别等,结合起来,以提高用户界面的交互效率和自然性。卡内基梅隆大学(CMU)人机交互学院将笔交互的支持嵌入了工具箱系统GARNET,同时设计实现了通过勾画设计图形用户界面原型的工具SILK。加州大学伯克利分校(UC Berkeley)GUIR实验室开展了大量的笔式用户界面研究,其中以基于笔的设计工具为主,如网站的设计DENIM,同时也设计实现了支持笔交互界面开发的工具系统SATIN。在欧洲,MIAMI是欧盟信息技术研究计划(ESPRIT)的一个基础研究项目,其研究领域包括语音识别、笔式输入和手写体等。这项研究针对来自不同通道的信息进行综合处理的问题,它将对未来的信息技术产品产生全面的影响。在日本,许多大大小小的公司,如Wacom、东芝、日立、NEC、索尼等,纷纷投资研究开发笔输入技术。"笔式输入技术研究会"由日本东京电机大学发起,于1993年7月成立。会员们来自几所大学及十几所公司的专门从事笔输入的专家,他们定期专门探讨笔输入技术,对产学研的结合起了重要的作用。东京电机大学人机交互实验室近年来一直注重PDA用户界面设计的研究,受到国际同行们的关注。ACM CHI、UIST、IUI等相关国际会议都将笔式用户界面作为重要研究内容,AAAI也在2004年秋季专门召开了题为"Making Pen-Based Interaction Intelligent and Natural"的研讨会。

目前笔式用户界面相关的研究大都集中在利用模式识别的方法,将笔作为文字输入的手段,或者将笔作为鼠标的一种替代品。笔的应用还停留在鼠标的层次上,界面形态还停留在传统的WIMP形式上,属于后WIMP界面的一种形态。许多相关的研究集中在特定领域的笔迹结构理解和内容识别上,如面向笔迹流程图理解,笔迹的隐式结构题解,数学、化学、音乐领域的理解和识别等。笔式交互设备及其应用场景的多样化给笔式用户界面的研究带来了新的课题,有待进一步深入研究。

2.1.7 视线跟踪设备

新一代人机界面更加强调以人为中心的原则,使用户能随意运用各种感觉通道和效应通道。对于可视形式的目标选择和操纵任务,任何其他通道,如手和头,都是在视觉通道指导下进行的,即用户首先扫描定位到感兴趣的对象,再引导其他通道的选择或操纵动作。因此视线跟踪在人机交互中占有重要地位,具有直接性、自然性和双向性的特点。视线(visual line)反映人的注意方向,这是将其用作计算机输入的前提。视觉交互兼顾了输入输出双向性特点,视线所指通常反映用户感兴趣的对象,而传统手动输入装置是根据视觉指导进行操作的。可以想象,避开其他通道及交互装置而直接检测视线输入方向和位置来进行交互具有直接性和自然性的特点。眼睛看物体的过程是转动眼球使物体出现在视网膜的中央凹中,因此眼球的位置指示了我们注视场景中的特定区域。视线运动通常表现为点到点的跳跃式扫描(saccade),而并非平滑移动(这只在追踪运动物体时才会发生)。例如,阅读时人眼在一行中通常包含 4 ~ 7 个跳动)定位(jump-fixation)的动作,注视一般持续 200 ~ 600 ms,只是我们通常并未在意。但是我们的眼球为看清物体总是需要不停地做轻微的抖动(jitter),其幅度一般小于 1 度。只有在追随视野中移动的物体时才会出现平滑的眼动而不是突然的扫视。因此,利用视线进行书写和画图这样精细的动作是不可行的,换言之,我们不能利用眼动产生的轨迹。有的系统要求用户的头静止不动,对人机对话没有显著意义。

视线跟踪的早期研究可以追溯到古希腊,但是真正使用仪器设备对视线跟踪进行观察和实验是从中世纪才开始的。1901 年,Dodge 和 Cline 开发出第一台精确的、非强迫式的眼追踪设备。由 Applied Science Laboratories 制造的 Model 3250R 视线跟踪器允许用户的头运动,是一种非接触式的远距离视线跟踪系统,如图 2-49 所示。该系统能同时跟踪角膜反射和瞳孔轮廓形状,视线可根据两者之间的关系计算得到。其工作原理如下:光源发出的光线经红外滤光镜过滤后只有红外线可以通过,经过半反射镜后,部分红外线到达反射镜,再经反射镜反射到达眼球,眼球对红外线的反射光经同一反射镜反射到达半反射镜,其中有部分红外线通过半反射镜到达瞳孔摄像机,从而得到眼球的完整图像,再经软件处理后获得视线运动的数据。图 2-49 中,瞳孔摄像机与光照系统经半透镜在同一坐标轴上工作,伺服机构控制反射镜用于补偿用户头的运动。

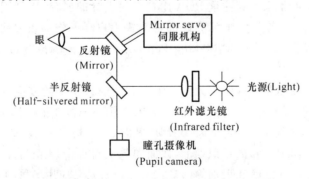

图 2-49 一种非接触式视线跟踪系统原理图

人眼的注视点由头和眼睛的方位共同决定,Stiefelhagen 等人将视线跟踪技术按其所借助的媒介分为以硬件为基础和以软件为基础两种。以硬件为基础的视线跟踪技术的基本原理是利用图像处理技术，使用能锁定眼睛的眼摄像机，通过摄入从人眼角膜和瞳孔反射的红外线连续地记录视线变化，从而达到记录分析视线跟踪过程的目的。以硬件为基础的方法需要用户戴上特制的头盔或者使用头部固定支架，对用户的干扰很大。视线跟踪技术及装置有强迫(intrusiveness)与非强迫(non-intrusiveness)、穿戴与非穿戴式和接触式(如 Eyeglass-mounted)与非接触式(Remote)之分，其精度从0.1度到1度。以软件为基础的视线跟踪技术是先利用摄像机获取人眼或脸部图像，然后用软件实现图像中人脸和人眼的定位与跟踪，从而估算用户在屏幕上的注视位置，其精度相对来说低很多，只有2度左右。

眼动测量方法主要有角膜反射法、瞳孔-角膜反射向量法、虹膜-巩膜边缘法、接触镜法、双普金野象法、眼电图法等。角膜反射法利用角膜反射落在它上面的光，当眼球运动时，光以变化的角度射到角膜，得到不同方向上的反光。角膜表面形成的虚像因眼球旋转而移动，实时检测出图像的位置，经信号处理可得到眼动信号。

瞳孔-角膜反射向量法通过固定眼摄像机获取眼球图像，利用亮瞳孔和暗瞳孔的原理，提取出眼球图像内的瞳孔，利用角膜反射法校正眼摄像机与眼球的相对位置，把角膜反射点数据作为眼摄像机和眼球的相对位置的基点，瞳孔中心位置坐标就表示视线的位置。瞳孔在不同配置的红外光源的照射下会产生明暗效应。通常，红外光源的轴线和照相机镜头同轴时会产生亮瞳孔效应；反之，在两者不同轴时，瞳孔比眼睛的其他部分更暗一些。暗瞳孔和亮瞳孔的效果如图2-50所示，其中A为暗瞳孔，B为亮瞳孔，C为角膜高光。

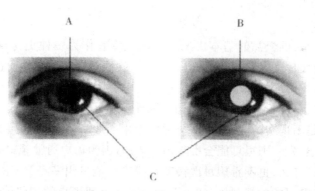

图 2-50　暗瞳孔和亮瞳孔

虹膜-巩膜边缘法在眼部附近安装两只红外光敏管，用红外光照射眼部，使虹膜和巩膜边缘处左右两部分反射的光被两只红外光敏管接收。当眼球向左或向右运动时，两只红外光敏管接收的红外线会发生变化，利用这个差分信号测出眼动。双普金野象法通过对两个普金野图像的测量可以确定眼注视位置。

接触镜法将一块反射镜固定在角膜或巩膜上，眼球运动时将固定光束反射到不同方向，从而获得眼动信号。接触镜法是比较精确的眼睛运动测量方法，但这是一个具有侵入性的方法，会引起眼睛的不舒适，甚至会影响使用者的视力。

　　普金野图像是由眼睛的若干光学界面反射所形成的图像。角膜所反射出来的图像是第一普金野图像,从角膜后表面反射出来的较微弱的图像是第二普金野图像,从晶状体前表面反射出来的图像是第三普金野图像,由晶状体后表面反射出来的图像称为第四普金野图像。双普金野象法使用红外光照射形成的第一和第四普金野反射,测量这两个反射的相对位置并分析图像数据,可以计算出眼睛相对于头部的朝向。

　　眼电图法产生在 20 世纪 70 年代,曾被广泛使用。它使用电极测量眼窝附近皮肤的电压差来实现对眼睛运动的测量。眼球在正常情况下由于视网膜代谢水平较高,因此眼球后部的视网膜与前部的角膜之间存在数十毫伏的静止电压,角膜区为正,视网膜区为负。当眼球转动时,眼球的周围的电势也随之发生变化。将两对氯化银皮肤表面电极分别置于眼睛左右、上下两侧,会引起眼球变化方向上的微弱电信号,经放大后得到眼球运动的位置信息,如图 2-51 所示。

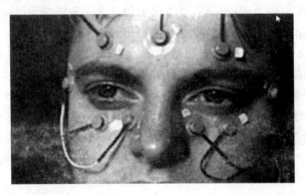

图 2-51　眼电图法

　　将视线应用于人机交互的基本出发点是希望将它作为一种更为自然的直接指点设备,以代替或部分代替鼠标器的功能,但由于用户视线运动的随意性而造成计算机对用户意图识别的困难,即用户的每次眼睛定位都可能引发一条并非想要的计算机命令,这便是所谓的“米达斯接触(Midas Touch)”问题。因此,如果不解决米达斯接触问题,试图用视线完全代替鼠标是不现实的,用户也不会习惯于用视线来控制设备。如果鼠标器光标总是随着用户的视线移动,则很可能会引起用户厌烦,因为用户通常希望能随便地看着什么而不必非“意味着”什么,更不希望每次移动视线都可能发出一条计算机命令。在理想情况下,应当在用户希望发出控制指令时,界面及时地处理用户的视线输入,而相反时则忽略视线的移动。可行的解决方法是结合实际的应用场合,采取一些特殊措施,研制出相应的交互技术。例如采用其他输入通道(如键盘或语音)与之配合可能是行之有效的办法。近年兴起的多通道用户界面研究试图解决这样的配合问题。

　　2012 年出现的 SensEye 技术可以让玩家用眼神来操作游戏。它是利用前置摄像头捕捉到的画面进行计算机视觉算法分析,从而推算出眼睛看的位置,它计算得足够精确,因而可以成功利用视线来实现激活屏幕、网页浏览以及玩游戏等功能。如图 2-52 所示是基于 SensEye 技术的眼神切水果游戏。

图 2-52　基于 SensEye 技术的眼神切水果游戏

2.1.8　语音识别输入设备

日常生活中,语音在人与人之间的交往过程中发挥着重要作用,以语音的方式与虚拟现实系统进行交互是一种自然的人机交互手段,其中涉及的关键问题是语音识别。语音识别技术,也被称为自动语音识别(Automatic Speech Recognition,ASR),其目标是将人类的语音中的词汇内容转换为计算机可读的输入,例如按键、二进制编码或者字符序列。广义的语音识别包括声纹识别,声纹识别用来对说话人进行识别和确认,声纹识别尝试识别或确认发出语音的说话人而非其中所包含的词汇内容。语音识别技术所涉及的领域包括:信号处理、模式识别、概率论和信息论、发声机理和听觉机理、人工智能等。

语音识别的研究工作大约开始于 20 世纪 50 年代,当时 AT&T Bell 实验室实现了第一个可识别 10 个英文数字的 Audry 语音识别系统。20 世纪 60 年代,计算机的应用推动了语音识别的发展,这个时期的重要成果包括动态规划(DP)和线性预测分析技术(LP),后者较好地解决了语音信号模型的问题,对语音识别的发展产生了深远影响。20 世纪 70 年代,语音识别领域取得了突破,在理论上,LP 技术得到进一步发展,动态时间规整技术(DTW)基本成熟,特别是提出了矢量量化(VQ)和隐马尔可夫模型(HMM)理论;在实践上,实现了基于线性预测倒谱和 DTW 技术的特定人孤立语音识别系统。20 世纪 80 年代末,语音识别研究出现重大进展,一些小词汇量识别系统具备了较高的识别率,并在实验室里突破了大词汇量、连续语音和非特定人这三大识别障碍,第一次将这 3 个特性集成于一个系统中。20 世纪 90 年代前期,语音识别研究掀起了第一次浪潮,IBM、苹果、AT&T 和 NTT 等著名的大公司都对语音识别系统的实用化研究投以巨资。语音识别的准确率指标在 20 世纪 90 年代中后期实验室研究中得到显著提高。随着技术的发展,隐马尔可夫模型变得很流行,运用隐马尔可夫模型的方法,频谱特征的统计变差得以测量。

语音识别系统根据对说话人的依赖程度可以分为特定人和非特定人语音识别系统;根据对说话人说话方式的要求,可以分为孤立字(词)语音识别系统、连接字语音识别系统和连续语音识别系统;根据词汇量大小,可以分为小词汇量、中等词汇量、大词汇量和无限词汇量语音识别系统。

　　语音识别技术的研究与应用主要包括声纹识别、内容识别、语音标准识别和语种识别4个方面。声纹识别是根据语音波形中反映说话人生理和行为特征的语音参数,自动识别说话人身份的一门技术。声纹识别的作用主要有两个方面:一是说话人辨认(Speaker Identification),主要用于判断某一语音材料是由若干发音者中哪一人所说,属于"多选一"的识别;二是说话人确认(Speaker Verification),主要用于确认某一语音材料是否由指定的某个人所说的,属于"一对一"识别。声纹识别赖以实现的基础是蕴含于语音信号中的说话人发音特征,这一技术强调说话人的个性,而不考虑以语音为物质外壳的话语意义。从本质上说,声纹识别技术属于"生物因子"认证范畴。声纹同指纹有着类似的属性。每个人的指纹都是唯一的,而声纹也是人的个性特征,很难找到两个声纹完全相同的人。内容识别是对语音材料所承载的实际意义的识别。内容识别有别于声纹识别,声纹识别主要着于眼语音的物理属性和生理属性,以辨认或确认说话人为目的;而内容识别则着眼于语音的社会属性,以识别语音信号所承载的话语内容为目的。话语内容识别比声纹识别要困难得多。说话人的语音通常会受到母语、方言、发音器官和发音状态等诸多因素的影响,正是因为说话人语音特征各异,才为声纹识别提供了可能性。但是,要将具有个性的声纹与具有共性的语法和语义模型相匹配,要通过词语切分、词性标注、结构分析和语境理解等程序,达到正确识别话语内容,则是一个相当复杂的处理过程。语音标准识别是通过个人语音材料与语音标准模型的对照,对个人语音标准状况做出评判,并指出发音不标准的问题。这一技术可广泛应用于语言教学和语音标准测试。语种识别是对语音材料所承载的语种特点的别识,是话语内容识别和机器翻译技术的重要基础。当计算机系统对多语种综合语音材料或不明语种单一语音材料进行识别时,要先把语音材料分拣到不同语种的识别器中进行识别,这时,可以通过语种识别技术进行初步处理。

　　语音识别的方法主要包括基于声道模型和语音知识的方法、模式匹配方法、人工神经网络方法3种。基于声道模型和语音知识的方法起步较早,在语音识别技术提出的最初就出现了相关研究,但由于其模型及语音知识过于复杂,现阶段没有达到实用的程度。模式匹配常用的技术有动态时间规整(DTW)和矢量量化(VQ),统计型模型方法常见的是隐马尔可夫模型;语音识别常用的神经网络有反向传播(BP)网络、径向基函数网络(RBF)及新兴的小波网络。一个完整的基于统计的语音识别系统可大致分为语音信号预处理与特征提取、声学模型与模式匹配、语言模型与语言处理3部分。语音识别目前在自适应能力、健壮性等方面存在一些问题。比如IMB的ViaVoice和Asiaworks的SPK都需要用户在使用前进行几百句话的训练,以让计算机适应用户的声音特征。大量的训练加大了用户和系统的负担,并且某些应用无法对单个消费者进行训练,限制了语音识别技术的进一步应用。环境杂音或噪音对语音识别效果影响非常大,目前在公共场合很难实现有效的语音识别。另外,目前的声学模型和语音模型只允许用户使用特定语音进行特定词汇的识别,对语言混合识别和无限词汇识别很难奏效。

2.1.9　基于视觉的输入设备

　　随着计算机硬件与软件技术的发展,特别是视觉计算技术的出现,使计算机获得了初步视觉感知的能力,能"看懂"用户的动作。建立在计算机视觉基础上的基于视频的交互

（Vision-Based Interaction，VBI）或基于摄像头的交互（Camera-Based Interaction，CBI）强调视觉信息在用户交互意图中的作用，计算机通过对采集到的视频数据进行计算，可以获得用户的位置、姿态、朝向、手势、表情等信息。通过基于视频的交互方式，人可以按照自身行为习惯完成交互动作，由摄像头感知人的动作和行为，并由计算机进行视频数据的分析与理解，然后自动地完成交互任务，整个过程甚至可以忽略计算机与摄像头的存在。比如通过肢体动作控制游戏中的对象，不但会激发游戏玩家的兴趣，而且会增强沉浸感。基于视频的交互在虚拟现实领域越来越受到研究人员的重视，并将成为主流交互方式之一。

计算机视觉研究的内容之一是如何利用二维投影图像或图像序列来恢复场景的三维信息、运动场景中的运动信息以及目标物体的一些表面物理属性，从而建立世界的三维表示，最终达到对于三维景物世界的理解，即实现人的视觉系统的某些功能。计算机视觉是一个逆向问题，投影过程不仅损失了深度信息，同时像光照、材料特性、朝向、距离等信息都反映成唯一的测量值灰度。要从这唯一的测量值恢复上述一个或几个反映物体本质特征的参数是一个病态过程。因此，很多学者尝试在获取二维投影图像或图像序列的同时利用深度摄像机获取相应的深度信息，以方便对三维物体的重建或者理解。

2.2 三维跟踪定位设备

虚拟现实技术的重要特征之一是人在计算机所产生的三维空间中具有交互性。为了能及时、准确地获取交互过程中人的动作信息，需要有各类高精度、高可靠的跟踪定位设备，以保证被跟踪对象在场景中的位置要保持一致性、不漂移、不抖动，而且能够处理虚拟物体和现实物体之间的遮挡关系。一般情况下，诸如头盔显示器和数据手套这类的显示设备或交互设备都需要配备跟踪定位设备，如果没有空间跟踪定位装置的虚拟现实硬件设备，被跟踪对象可能会出现在不正确的空间位置上，影响沉浸性。

三维跟踪定位设备是实现人机之间沟通的非常重要的通信设备，是实时处理的关键之一，它的任务是检测位置与方位，并将其数据报告给虚拟现实系统。一般需要实时地检测运动物体在 6 个自由度上相对于某个固定物体的数值，即在 X、Y、Z 坐标上的位置值，以及围绕 X、Y、Z 轴的旋转值。这几个运动是相互正交的，因此共有 6 个独立变量，即对应于描述三维对象的宽度、高度、深度、俯仰（pitch）角、转动（yaw）角和偏转（roll）角，称为 6 自由度（DOF），用于表征物体在三维空间中的位置与方位，如图 2-53 所示。

在虚拟现实应用中，描述空间跟踪定位器性能的主要指标是定位精度、分辨率、位置修改速率和延时，如图 2-54 所示。定位精度和分辨率是两个类似的指标，然而是有区别的，前者是指传感器所测出的位置与实际位置的差异，后者是指传感器所能测出的最小位置变化；位置修改速率是指传感器在一秒钟内所能完成的测量次数；延时是指被检测物体的某个动作与传感器测出该动作的时间间隔。如何减少抖动、噪声、漂移是这类传感器的关键技术。

三维定位跟踪设备对被检测的物体必须是无干扰的，也就是说，不论这种传感器是基于何种原理和应用何种技术，它都不应影响被测物体的运动，存在多个用户时，用户之间也不会相互影响,一般采用非接触式传感器。目前,三维跟踪定位设备所采用的主要技术包括:磁跟踪技术（Magnetic trackers）、光学跟踪技术、机械跟踪技术（Mechanical trackers）、声学跟踪技术（Ultrasonic trackers）、惯性位置跟踪技术等。

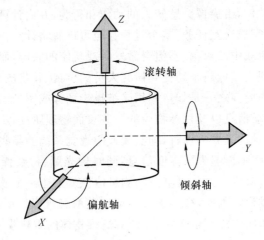

图 2-53　6 自由度示意图

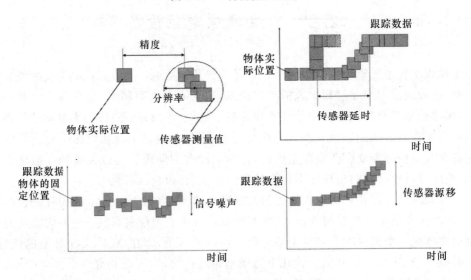

图 2-54　三维跟踪定位的性能指标示意图

2.2.1　电磁跟踪系统

在虚拟现实技术中广泛使用的跟踪系统之一是低频磁场式传感器。低频磁场式传感器的低频磁场是由该种传感器的磁场发射器产生的,该发射器由 3 个正交的天线组成,在接收器内也安装了一个正交天线,它被安装在远处的运动物体上,根据接收器所接收到的磁场,可以计算出接收器相对于发射器的位置和方向,并通过通信电缆把数据传送给主计算机。因此,计算机能间接地跟踪运动物体相对于反射器的位置和方向。如图 2-55 所示是 Ascension 公司生产的 Flock of Birds 电磁跟踪器。在虚拟现实环境中,这种传感器常被安装在数据手套和头盔显示器上,以测算手部和头部的运动。

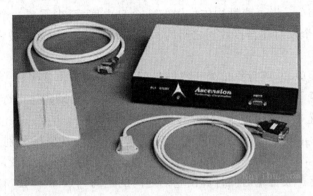

图 2-55　Ascension 公司生产的 Flock of Birds 电磁跟踪器

　　电磁跟踪系统的优点是不受视线阻挡的限制,除了导电体或导磁体外的物体不会遮挡住电磁跟踪系统的跟踪。缺点是易受干扰,对金属敏感,而且因为磁场强度会随着距离增加而减弱,所以只能适用于小范围的跟踪工作。

2.2.2　声学跟踪系统

　　人耳能听到的声波频率为 20～20 kHz,当声波的振动频率大于 20 kHz 或者小于 20 Hz 时,人耳无法听见。通常把人耳能听到的声波称为可闻波,高于 20 kHz 的声波称为超声波,是一种机械振动波。超声波可应用于一定范围的无接触式定位,定位精度比较高,另外超声波技术结构简单、成本较低、易于实现,并且超声波收、发探头价格低廉,因此被人们广泛应用于测距以及跟踪定位系统中。由于使用的是超声波(20 kHz 以上),人耳是听不到的,所以声学跟踪系统有时也被称作超声跟踪系统。但由于超声波在空气中的衰减较大,传播距离一般只有几十米,只适用于较小范围内的跟踪定位。与磁场式传感器相似,超声波式传感器也由发射器、接收器和电子部件组成。发射器是由 3 个相距一定距离(如 30 cm)的超声扩音器所构成,接收器是由 3 个相距较近的话筒构成。周期性地刺激每个超声扩音器,由于在室温条件下的声波传送速度是已知的,根据 3 个超声话筒所接收到的 3 个超声扩音器周期性发出的超声波,就可以计算出安装超声话筒的平台相对于安装超声扩音器的平台的位置和方向。目前主要的超声波定位装置主要有两类:(1)在待定位物体上加装超声波发射器,物体周围装有多个超声波接收器;(2)与第一种相似,不同的是待定位物体上装的是超声波接收器,物体周围装的是发射器。其工作原理是发射器发出高频超声波脉冲(频率 20 kHz 以上),由接收器计算收到信号的时间差、相位差或声压差等,即可确定跟踪对象的距离和方位。按测量方法的不同,超声波跟踪定位技术可分为相位相干(Phase Coherent,PC)测量法和飞行时间(Time of Flight,TOF)测量法。相位相干法通过比较基准信号和接收信号之间的相位差来确定发射器和接收器之间的距离,其原理是:发射的声波是正弦波,发射器与接收器的声波之间存在相位差,这个相位差也与距离有关。飞行时间法同时使用多个发射器和接收器,通过测量超声波从发射器到接收器的飞行时间进而确定距离。超声波在空气中的传播速度与温度有关,设环境温度

为 T，则传播距离 S 与飞行时间 t 的关系为：$S=(331.45+0.607\times T)\times t$，通常认为传播速度大约为 $340\ \mathrm{m/s}$。为了测量物体位置的 6 个自由度，至少需要 3 个接收器和 3 个发射器，获得任意两个发射器与接收器之间的 9 个距离参数，从而计算被定位物体的位置和方位。

应用上述测距原理，可计算出处于空间坐标系中的物体位置坐标。如图 2-56 所示为声学跟踪原理示意图。在建立的直角坐标系中，如果要对移动物体进行定位，在该物体运动空间的上方放置 3 个超声波发射器，其坐标分别为 $T_1=(x_{11},y_{11},z_{11})$、$T_2=(x_{12},y_{12},z_{12})$ 和 $T_3=(x_{13},y_{13},z_{13})$，物体上安装 3 个超声波接收器，其坐标分别为 $R_1=(x_{21},y_{21},z_{21})$、$R_2=(x_{22},y_{22},z_{22})$ 和 $R_3=(x_{23},y_{23},z_{23})$。根据发射器 $T_i(i=1,2,3)$ 到接收器 $R_j(j=1,2,3)$ 之间的超声波传输时间计算出它们之间的距离 $s_{ij}(i,j=1,2,3)$，则发射器 T_1 坐标和接收器 R_1 坐标之间的关系为：

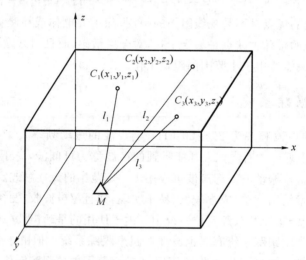

○ 超声波接收点 C(又称参考点)，△ 运动物体 M

图 2-56 声学跟踪原理示意图

$$\begin{cases}(x_{21}-x_{11})^2+(y_{21}-y_{11})^2+(z_{21}-z_{11})^2=s_{11}{}^2\\(x_{21}-x_{12})^2+(y_{21}-y_{12})^2+(z_{21}-z_{12})^2=s_{21}{}^2\\(x_{21}-x_{13})^2+(y_{21}-y_{13})^2+(z_{21}-z_{13})^2=s_{31}{}^2\end{cases}$$

根据上述公式，求解出超声波接收器 R_1 的坐标值 (x_{21},y_{21},z_{21})。类似的可以求解接收器 R_2 和 R_3 的坐标值。根据 (x_{2i},y_{2i},z_{2i})，$(i=1,2,3)$ 的值，可以进一步计算被跟踪物体的位置和方位。随着被跟踪物体的移动，3 个接收器的位置不断变化 $s_{ij}(i,j=1,2,3)$ 的值也在不断变化，超声波接收器的坐标值 (x_{2i},y_{2i},z_{2i})，$(i=1,2,3)$ 也在不断更新，从而实现了对目标的定位跟踪。

声学跟踪器不受电磁干扰，不受临近物体的影响，轻便的接收器容易安装在头盔上。然而，声学跟踪器的工作范围有限，信号传输不能受遮挡，受到温度、气压、湿度的影响，受到环境反射声波的影响。

超声传感器和电磁传感器都是常用的位置传感器，精度适中，可以满足一般要求，常用于手部与头部的跟踪。在作用范围较大的情况下,低频磁场式传感器比超声波式传感器有较明显的优点。但当在作用范围内存在磁性的物体时,低频磁场式传感器的精度明显降低。

瑞士 Logitech 公司生产了一种基于声学的头部跟踪系统,该系统的发射器与接收器与其生产的三维鼠标类似,如图 2-57 所示。接收器与发射器所在的平面不需要平行。可以采用"Master/Slave"的方式同时对多达 4 个人的头部进行跟踪,让多人在虚拟空间中进行协同工作,如图 2-58 所示。

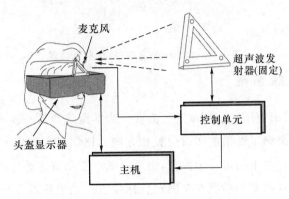

图 2-57 超声跟踪

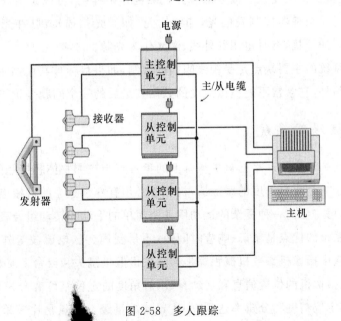

图 2-58 多人跟踪

瑞士 Logitech 公司成立于 1981 年,是世界上最大的鼠标生产商。它同时也提供两种超声跟踪产品,如图 5-5 所示为一种超声 3D 鼠标跟踪器,它支持 6 个自由度的跟踪。在 CAD/CAM 软件系统中可以用于用户的操作,也可以用于计算机动画、建模、机器人控制和虚拟现实领域。另一个产品是超声头部跟踪器,它也支持 6 个自由度的跟踪。

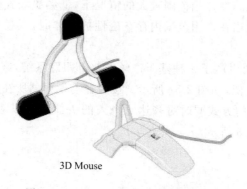

3D Mouse

图 2-59　Logitech 超声 3D 鼠标跟踪器

2.2.3　光学跟踪系统

光学定位法是普遍使用的高精度定位方法。光学跟踪器是一种非接触式的位置测量设备,基于光学感知来确定对象的实时位置和方向。比如可以利用摄像机等设备获取图像,对图像立体视觉计算来确定目标位置,也可以基于激光雷达进行传递时间测量以及光的干涉测量,并通过观测多个参照点来确定目标位置。光学跟踪系统的感光设备是多种多样的,从普通摄像机到光敏二极管都有。光源也是多样的,可以是被动环境光(如立体视觉),也可以是受跟踪器控制发的光,如结构光(如激光扫描)或脉冲光(如激光雷达)。为了防止可见光的干扰,有时也用红外线、激光作为光源。

光学跟踪系统的主要缺点是受视线阻挡的限制,如果目标被其他物体挡住,光学系统就无法工作。另外,它常常不能提供角度的数据。最后的一个问题是价格昂贵。

2.2.4　机械跟踪系统

机械跟踪器的工作原理是通过机械臂上的参考点与被测物体相接触的方法来检测位置变化的。对于一个 6 自由度的跟踪器,机械臂必须有 6 个独立的机械连接部件,分别对应 6 个自由度,可将任何一种复杂的运动用几个简单的平动和转动组合表示。

机械跟踪系统的优点是精确、响应时间短,不易受声、光、电磁波等外界因素的干扰。比如虚拟演播室中摄像机参数机械跟踪是通过在摄像机镜头和云台上安装精确的运动参数编码器,获取摄像机的位置信息和运动参数,对角度的定位精度和分辨率能达到 0.001 度数量级,位移定位精度和分辨率达到 0.01 mm 数量级。缺点是比较笨重,不灵活而且有惯性。而且由于机械连接的限制,不能提供大的工作空间。

2.2.5　惯性位置跟踪系统

跟机械跟踪技术一样,惯性位置跟踪技术曾被认为是比较落后的技术。但是随着微机械学(micromachine)的发展,它又逐渐成为人们感兴趣的对象。它通过盲推(dead reckoning)得出被跟踪物体运动时的位置,也就是说完全通过运动系统内部的推算,而不需要从外部环境得到位置信息。惯性跟踪器一般由3个相互垂直的陀螺仪与3个相互垂直的加速计构成,加速计用于测量被测目标在3个轴向的运动情况,陀螺仪用来测量绕3个轴的旋转速度,从而实现对位置和朝向的跟踪。尽管可以使用基于陀螺仪和加速计的传感器来测量完整的6个自由度的位置变化,但由于提供的是相对测量值,而不是绝对测量值,系统的错误会随时间累计,从而导致信息不正确。在实际的虚拟现实系统应用中,这类系统仅用于方向的测量。

　　传统的惯性位置追踪器尺寸都比较大,而且精度不高。随着科学技术的发展,尤其是微米/纳米技术的发展,以微机械加工为基础的现代惯性位置跟踪器也摆脱了体积庞大、笨拙的形象,而是具有体积小、重量轻的特点,比如,Xsens MTi OEM 惯性位置追踪器采用陀螺仪、加速计和磁强计来确定方向,重量只有11 g,可以轻松地安装在用户需要的位置,如图 2-60 所示。并且由于没有信号发射,没有外界干扰,在跟踪时不怕遮挡、没有视线障碍和环境噪音问题,而且有无限大的工作空间、低的延迟时间、抗干扰好、无线化等优点。

图 2-60　Xsens MTi OEM 惯性位置追踪器

　　一般将惯性系统和其他成熟的应用技术结合,用惯性系统的优点来弥补其他系统的不足,具有一定的应用价值。Ascnesion 的 3D-Bird 是一款基于惯性跟踪技术的跟踪器,同时它还采用光学技术输出高精度的跟踪数据,是一个混合跟踪系统。无论光学扫描仪被阻塞还是超出其跟踪范围,惯性跟踪器仍然会继续进行无缝跟踪,因此没有范围限制和视线的限制。由于无磁性发射机,完全消除了金属干扰。如图 2-61 所示是 3D-Bird 安装在索尼 LDI-100 头盔显示器上通过 EON Reality 软件虚拟奥迪 TT Coupe 跑车内外部环境。

图 2-61　3D-Bird 惯性跟踪器应用情景

2.2.6　基于图像提取的跟踪系统

当前计算机技术、图像处理技术和高速摄像机技术已经发展到了较高水平,高分辨率图像的快速处理已成为可能。通过对多角度视频图像的提取对运动物体进行计算是近几年的一个研究热点。然而该方法容易受到环境光、背景、物体表面反射特性等诸多因素的影响,对使用环境有一定的要求,大范围的推广应用尚需时日。

2.3　快速建模设备

2.3.1　三维扫描仪

三维扫描仪(3 Dimensional Scanner)又称三维数字化仪或三维模型数字化仪,是较为先进的三维模型输入设备,是对实际物体三维建模的重要工具,能快速方便地将真实世界的立体彩色的物体信息转换为计算机能直接处理的数字信号,为实物数字化提供了有效的手段,如图 2-62 和图 2-63 所示。三维扫描仪可输出一些标准格式,特别适合于建立一些不规则三维物体模型。具体来说,三维扫描仪的用途是创建物体几何表面的点云(point cloud),这些点可用来插补成物体的表面形状,越密集的点云可以创建越精确的模型,这个过程被称作三维重建。如果扫描仪能够取得表面颜色,则可进一步在重建的表面上粘贴材质贴图,亦即所谓的材质映射(texture mapping)。

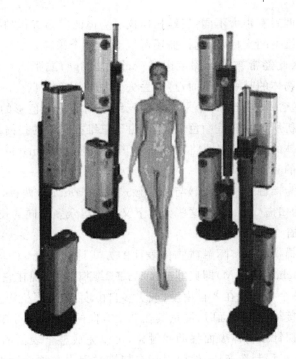

图 2-62　三维人体扫描仪

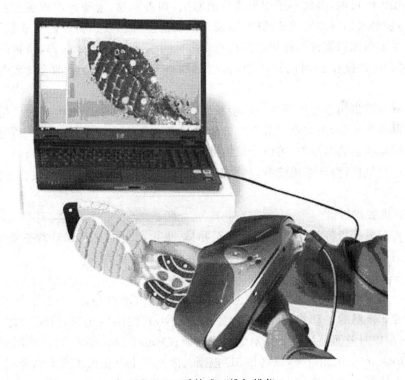

图 2-63　手持式三维扫描仪

三维扫描仪可模拟为照相机,它们的视线范围都呈现圆锥状,信息的搜集皆限定在一定的范围内。然而两者有很大不同：三维扫描仪对立体的实物进行扫描，可以获得物体表面每个采样点的三维空间坐标，彩色扫描还可以获得每个采样点的色彩。由于测得的结果含有深度信息，因此经常被称为深度图像（depth image）或距离图像（ranged image）。而摄像机只能拍摄物体的某一个侧面，且会丢失大量的深度信息。三维扫描仪的输出不是二维图像，而是包含物体表面每个采样点的三维空间坐标和色彩的数字模型文件。两者不同之处在于相机所抓取的是颜色信息，而由于三维扫描仪的扫描范围有限，因此常需要变换扫描仪与物体的相对位置或将物体放置于电动转盘（turnable table）上，经过多次的扫描以拼凑物体的完整模型。

三维扫描仪分为接触式（contact）与非接触式（non-contact）两种，后者又可分为主动扫描（active）与被动扫描（passive），这些分类下又细分出众多不同的技术方法。

(1) 接触式扫描

接触式三维扫描仪通过实际触碰物体表面的方式计算深度，如坐标测量机（Coordinate Measuring Machine，CMM）即典型的接触式三维扫描仪，现在它仍是工厂的标准立体测量装备，它将一个探针装在 3 自由度（或更多自由度）的伺服机构上，驱动探针沿 3 个方向移动。当探针接触物体表面时，测量其在 3 个方向的移动，就可知道物体表面这一点的三维坐标。控制探针在物体表面移动和触碰，可以完成整个表面的三维测量。此方法相当精确，常被用于工程制造产业，然而因其在扫描过程中必须接触物体，待测物有遭到探针破坏损毁的可能，因此不适用于高价值对象，如古文物、遗迹等的重建作业。相较于其他方法，接触式扫描需要较长的时间，现今最快的坐标测量机每秒能完成数百次测量，而光学技术如激光扫描仪运作频率则高达每秒一万至五百万次。此外，当物体形状复杂时，扫描过程中的操作控制比较复杂，只能扫描得到物体外表面的形状，无法获得色彩信息。

机械测量臂借用了坐标测量机的接触探针原理，把驱动伺服机构改为可精确定位的多关节随动式机械臂，由人牵引装有探针的机械臂在物体表面滑动扫描。利用机械臂关节上的角度传感器的测量值，可以计算探针的三维坐标。因为人的牵引，所以它的扫描速度比坐标测量机快，而且结构简单，成本低，灵活性好。但不如光学扫描仪快，也没有彩色信息。

(2) 非接触式扫描

主动式扫描是指将额外的能量投射至物体，借由能量的反射来计算三维空间信息。常见的投射能量有一般的可见光、高能光束、超音波与 X 射线。

(a) 飞行时间测量法

飞行时间测量法（time-of-flight）也称为时差测距或飞时测距，采用该技术的三维扫描仪是一种非接触的主动式（active）的激光扫描仪，它使用激光探测目标物。如图 2-64 所示，是一款以时差测距为主要技术的激光测距仪（laser rangefinder）。可用于扫描建筑物、岩层（rock formations）等，以制作 3D 模型。激光光束可扫描相当大的范围：如图中此款的仪器头部可水平旋转 360°，而反射激光光束的镜面则在垂直方向快速转动。仪器所发出的激光光束，可量测仪器中心到激光所达到的第一个目标物之间的距离。此激光测距仪根据测定仪器所发出的激光脉冲往返一趟的时间计算仪器到目标物表面的距离。即仪器发射一个激光光脉冲,激光打到物体表面后反射,再由仪器内的探测器接收信号,并记录时间。由于光速 c 为一已知条件,光信号往返一趟的时间即可换算为信号所行走的距离,此距离又为仪器到物体表面距离的两倍,故若令 t 为光信号往返一趟的时间,则光信号行走的距离等于 $c \times t / 2$。因为大约 3.3 皮秒(picosecond,微微秒)的时间,光信号就走了 1 km。显而易见,时差测距式的 3D 激光扫描仪,其量测精度决定于能多准确地量测时间 t。

图 2-64　Lidar 三维激光扫描仪

激光测距仪每发一个激光信号只能测量单一点到仪器的距离。因此,扫描仪若要扫描完整的视野(field of view),就必须使每个激光信号以不同的角度发射。而此款激光测距仪即可通过本身的水平旋转或系统内部的旋转镜(rotating mirrors)达到此目的。旋转镜由于较轻便、可快速环转扫描、且精度较高,是较广泛应用的方式。典型时差测距式的激光扫描仪,每秒约可量测 10 000～100 000 个目标点。

（b）三角测距

三角测距(Triangulation)三维激光扫描仪,也利用激光对环境进行主动式扫描。相对于飞时测距法,三角测距 3D 激光扫描仪发射一道激光到待测物上,并利用摄影机查找待测物上的激光光点。随着待测物距离三角测距 3D 激光扫描仪距离的不同,激光光点在摄影机画面中的位置亦有所不同。该技术之所以被称为三角型测距法,是因为激光光点、摄影机与激光本身构成一个三角形。在这个三角形中,激光与摄影机的距离及激光在三角形中的角度是已知的条件,通过摄影机画面中激光光点的位置,可以计算出摄影机位于三角形中的角度。这三项条件可以决定出一个三角形,并可计算出待测物的距离。有时候以一线形激光条纹取代单一激光光点,将激光条纹对待测物作扫描,大幅提高了整个扫描的速度。

（c）结构光

将一维或二维的图像投影至被测物上,根据图像的形变情形,判断被测物的表面形状,可以非常快的速度进行扫描,相对于一次测量一点的探头,该方法可以一次测量多点或大片区域,故能用于动态测量。结构光测量系统主要由结构光投射装置、摄像机、图像采集及处理系统组成。测量原理是向被测物体投射一定结构的光模型,如单点、点列、点阵、单直线、多条平行线、单圆环,同心圆环、网格、正弦光栅和编码光,结构光受被测物体表面深度信息的调制而发生形变,利用图像传感器记录形变的结构光条纹图像,并结合系统的结构参数来获取物体的位置和深度等三维信息,进而复原整个三维空间。投射结构光的光源类型有激光光源、白炽灯光源等。根据测量的精度要求和投射光装置的设计而采用不同的光源。不同光源的光谱特效不同,导致投射出的结构光的光强分布特性不同,从而直接关系到结构光图像的处理和分析方法的选择。目前,由于激光具有良好的方向性、准直性、单色性及高亮度等物理特性,在许多系统中采用激光作为结构光的光源。

（d）调变光

调变光（Modulated Lighting）三维扫描仪在时间上连续性地调整光线的强弱,同时观察图像中每个像素的亮度变化与光的相位差,以此来计算距离深度。常用的调变方式是周期性的正弦波,调变光源可采用激光或投影机,如图 2-65 所示。激光光能具有精度高的优点,但是对于噪声敏感。

图 2-65　投影机将正弦波调变光栅投射于书本上

Cyberware 公司的三维扫描仪,在 20 世纪 80 年代就被迪斯尼等动画和特技公司采用,曾用于"侏罗纪公园"、"终结者Ⅱ"、"蝙蝠侠Ⅱ"、"机械战警"等影片,还用于快速雕塑系统。20 世纪 90 年代的扫描仪可对人体全身扫描，对给定对象采用多边形、NURBS 曲面、点、Spline 曲线方式进行描述，常用于动画、人类学研究、服装设计等方面。Cyberware 的代表产品是 3030 系列，其适用范围宽、价格适中、性能好。除了 3030R 外，都可进行彩色扫描，扫描速率可达 1.4 万点/秒。3030RGB 型扫描物体的尺寸在 30 cm，深度方向测量精度 100~400 μm，测量单元重 23 kg，主机采用 SGI 工作站。有两种扫描方式，一种是被扫描物体运动，另一种是扫描单元运动，适于扫描大件物体。它的配套软件可以选择扫描参数，对扫描结果进行显示、缩放、旋转。输出支持 20 多种数据格式，包括 DXF、SCR、PLY、OBJ、ASCII、VRML、3DS、STL 等。

2.3.2 基于视频图像的三维重建

三维建模技术的研究已有近 30 年的历史，人们提出了各种不同的建模方法从二维图像中恢复物体的三维信息。从建模所需时间上，三维重建分为离线建模与实时建模两大类。离线建模不限制建模的时间，只要得到物体的模型；而实时建模能够重建复杂、快变的动态物体，获取物体在每个时刻的运动状态信息，记录那些无规律、不可预测、不可重现、非标准的运动，从而实现三维空间与时间的四维建模，还可支持交互式应用。实时建模是一种对建模速度和通用性具有更高要求的建模技术。

从建模所用的不同的原理上，三维重建分为基于立体视觉的方法（Structure from stereo）、由运动恢复形状的方法（Structure from motion）、由明暗恢复形状的方法（Shape from shading）、基于光流的重建方法（Structure from light flow）、分层重建方法以及基于侧影轮廓图的重建方法（Structure from Silhouette，SFS）等。其中 SFS 是广泛应用于实时建模的方法，其他方法目前来看都达不到实时，而且有些算法为了简化，对场景和算法做了不切实际的假设和限制，如假设所有平面是漫反射的，物体必须具有足够的非周期性的纹理等。SFS 方法没有这些约束，能够实时地通过目标物体多视点的侧影轮廓得到其对应的三维模型。

由于 SFS 的输出是物体的可视外壳，因此也称其为可视外壳（Visual Hull，VH）方法。可视外壳建模可以应用于静态物体或者运动物体视频序列的每个时刻。20 世纪 90 年代以来，可视外壳生成方法在虚拟现实领域中得到了成功的应用，研究者们也从许多不同的角度对 VH 方法进行了研究和改进。

Laurentini 于 1994 年提出了可视外壳的概念，可视外壳是由空间物体的所有已知侧影轮廓决定的该物体的空间包络，当拍摄视角足够多时，可视外壳可被认为是空间物体的一个合理的逼近。可视外壳算法总体上分为两大类：基于体的方法与基于面的方法。

基于体的方法是早期的研究者们提出的一类方法。Martin 和 Aggarwal 提出了基于多视点图像的侧影轮廓图来恢复三维物体的体描述方法。他们使用了与坐标轴一致的平行六面体单元，通过多视点图像的封闭轮廓线（occluding contours）来构建逼近刚性物体三维结构的包围体（abounding volume），采用体分段（volume segment）描述方法来加速包围体的创建和连续性优化。该方法除了易于更新之外，还保留了物体表面的细节，减少了点遮挡测试。Chien 等采用八叉树结构来表示物体的可视外壳，该八叉树结构是通过预先在平行投影照片上生成表示物体的四叉树的基础上建立的。Szeliski 等提出了用八叉树和体素描述的可视外壳方法,八叉树节点在图像平面上的投影为多边形,对每一个视角拍摄的照片都要进行物体的侧影轮廓与所有八叉树节点投影的求交测试,计算量大,也非常耗时。所有这些方法都是基于常规的体素网格,能够处理带有复杂拓扑的物体。但由于所使用的空间是离散的体素单元,只能得到近似的结果,与其复杂性相比,精确性太差。

基于面的可视外壳方法正是为了解决体素方法精度低的问题而提出的,通过侧影轮廓所在空间锥体的交集来估计可视外壳多面体的元素。主要包括基于图像的可视外壳方法、基于多边形的可视外壳方法以及准确多面体可视外壳方法等。

Matusik 提出了基于图像的可视外壳(Image-Based Visual Hull,IBVH),采用计算机视觉中的极线几何和增量计算的原理,从侧影轮廓图像数据中实时地绘制动态场景,时间复杂度为 $O(lkn^2)$,其中 l 为投影线与侧影轮廓求交的平均时间,k 为参考轮廓图的数目,n 为一条扫描线上的像素数目。算法在一台四核、550 MHz 的主机上用 4 个分辨率为 640×480 的索尼 DFW500 火线摄像机获得的图像进行可视外壳渲染,达到了 8 fps 的帧速。IBVH 算法原理如图 2-66 所示。

图 2-66 中,Reference 为不同视角的摄像机采集的图像,Desired 为用户选择的视角,对每一个期望的视角,计算它跟可视外壳的相交射线,通过几何学的求交操作即可得到可视外壳。IBVH 算法实现了每个渲染像素的常量渲染代价,与过去的体素算法相比,计算复杂度小、分辨率高,并且可以将真实世界的场景与虚拟环境进行实时合成。但 IBVH 算法只是从已有视点的数据计算和渲染期望视点的场景,不能得到明确的可视外壳模型。

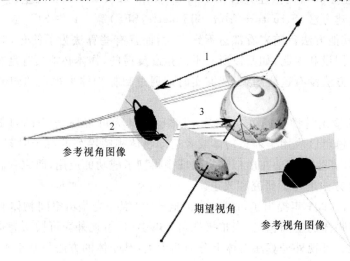

图 2-66　IBVH 原理示意图

作为 IBVH 的改进,Matusik 提出了多面体可视外壳方法(Polyhedral Visual Hulls,PVH),直接从侧影轮廓图计算可视外壳的精确多面体表示,是一种独立于视点的描述,而且很容易进行图像硬件的渲染。该方法采用了视点相关的纹理映射方法,并且考虑了可见性信息来渲染可视外壳。

Matusik 是 MIT 计算机图形研究组的成员,他们基于 PVH 方法建立了一个多摄像机实时采集与建模系统,使用一台中央服务器(2×933 MHz Pentium III PC)和 4 个采集帧速为 15 fps、分辨率为 320×240 的 DFW-V500 IEEE-1394 摄像机对人体建模,在线重建的速度为 15 fps,达到了实时性,但这种方法需要复制视锥的交集操作,并且要求额外的步骤来连接不同的部分,而没有拓扑的保证。使用 PVH 方法渲染得到的人体运动模型如图 2-67 所示。

(a)只用明暗渲染的模型　　　(b)纹理映射之后的模型

图 2-67　PVH 生成的可视外壳

图 2-67 中展示了 PVH 算法生成的人的动态模型,分别为暗度渐变渲染效果及进行视点相关的纹理映射并加入可见性判断之后的渲染效果,由图 2-67 可见,重建的精度有待提高,模型的误差来源于图像分割的质量以及侧影轮廓图的数量。

IBVH 和 PVH 方法都存在边缘点周围的数字不稳定性问题。因此,这些方法常常会导致不完全或者退化的表面模型,特别是当对具有复杂拓扑结构的物体建模时。

法国 INRIA 的 Franco 等提出了一种有效、鲁棒地根据图像轮廓来计算物体可视外壳的精确方法,称为 EPVH(Exact Polyhedral Visual Hulls),该方法能够实时地恢复准确的可视外壳多面体。算法分为 3 个步骤:1)通过图像中的边界计算一个粗略的几何外壳,即要得到的模型网格的一些不连接的子集;2)通过局部的方向和连接原则,遍历相关的视锥交界区域,生成缺失的一些表面点;3)做一次最后的连接以确定多面体每个面上的平面曲线。与 PVH 相比,EPVH 方法用了更少的操作、更低的时间复杂度恢复出了更完整的多面体轮廓,该算法对两种动态物体建模的效果如图 2-68 所示。

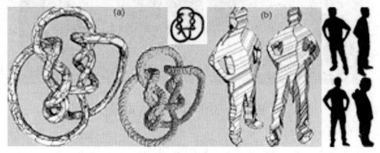

(a)绳结重建效果　(b)人体重建效果

图 2-68　EPVH 生成的可视外壳

图 2-68 展示了 EPVH 方法对绳结和动态的人体生成的可视外壳。图 2-68(a)中用 42 幅侧影轮廓图对打结的绳子进行了重建,在一台 1.8 GHz 的 PC 机上重建了绳结的 11 146 个点和 16 719 条边,时间为 12.8 s,左边为重建结果;中间为对应的基于体素的可视外壳算法得到的结果,使用了 $64^3 = 262\ 144$ 个体素网格,可以看出体素法的精度较低。图 2-68(a)的右上角为绳结的原始照片。图 2-68(b)中用 4 幅分辨率为 640×480 的人体侧影轮廓图进行了建模,得到人体模型的 2 316 个点,2 356 条边,建模时间为 142 ms。

EPVH 方法直接应用于法国 INRIA 构建的 GrImage 系统中,该系统将多摄像机三维建模、物理仿真和并行执行相结合,形成了一种沉浸式体验系统,主要面向无标定的虚实交互应用。其视频获取系统包括 25 个摄像机,连接 12 台电脑,摄像机形成 2 m×2 m×2 m 的空间。一个简化的含 4 台摄像机的 GrImage 系统硬件装置如图 2-69 所示。

图 2-69 中,多个摄像机部署在空间的不同位置,对目标区域的物体进行实时信息采集,利用背景图像变化分割出真实物体并提取相关纹理,然后基于侧影轮廓图,用 EPVH 及 CPU 并行计算对可见场景区域中的物体进行实时建模,通过物理模拟和纹理映射完成场景绘制。GrImage 含 6 个摄像机的子系统曾在 Siggraph 2007 上进行展示,实现了对工作空间内无标定物体的实时建模,以及真实物体与虚拟对象,包括刚性物体、弹性物体、可变形物体或流体,的实时交互。

美国伊利诺斯州立大学的 Lazebnik 等利用定向投影约束,提出了基于投影的可视外壳计算方法。主要特点是根据固有的投影特征,如边缘点、交叉曲线和交叉点,来标记可视外壳的表面;在多视图几何体和可视外壳拓扑间确立关联;不需要摄像机的强标定,只需要知道摄像机的基本参数,利用定向投影约束即可进行可视外壳的完全重建。该算法可以计算具有光滑封闭表面的实体的可视外壳,并且只需要有限数量的针孔摄像机。

图 2-69 GrImage 硬件装置图

第3章 虚拟现实输出设备

为了实现虚拟现实的沉浸性和交互性,虚拟现实系统必须满足人体的感官特性,包括视觉、听觉、力触觉、嗅觉和味觉等。输出设备能够将虚拟现实系统所呈现的环境信息转换为人体可以感知的信号,是实现自然、和谐的人机交互的基础。目前研制的虚拟现实输出设备,根据功能的不同,可以分为视觉显示设备、三维声音设备、力触觉设备等。有些设备已经比较成熟并得到推广应用,有些设备则仍处于原型试验和概念探讨阶段。

3.1 视觉感知设备

视觉感知设备也称显示设备,是一种计算机接口设备,主要作用是把合成出的图像展现给与虚拟世界进行交互的用户。现实世界是真正的三维立体世界,而现有的显示设备绝大多数都只能显示二维信息,并不能给人以深度感觉。为了使显示的场景和物体具有三维的深度感觉,人们在各方面进行了尝试。3D显示技术的研究经历了十几年的发展,取得了十分丰硕的成果,包括各种3D立体眼镜、头盔显示器以及现在最新的不需要眼镜的裸眼立体显示器等。视觉感知设备是最为常用、也是虚拟现实输出设备中最为成熟的设备之一。

3.1.1 立体显示的原理

为了说明立体成像的原理,我们先做一个实验:两只手同时拿上笔或者筷子,闭上一只眼睛,仅用另一只眼睛,尝试将两只手中的笔尖或者筷子尖对到一起。我们会发现完成这个动作要比想象的难。一只眼睛看到物体是二维图像,利用物体提供的有关尺寸和重叠等视觉线索,可以判断位于背景前这些物体的前后排列次序,但是却无法知道它们之间究竟距离多远。再比如,闭上一只眼睛去做穿针引线的细活,往往看上去好像线已经穿过针孔了,其实是从边上过去的,并没有穿进去。幸运的是,人的视觉系统是基于两只眼睛的,两眼之间有一定的距离,大多数成年人的瞳距在 65 mm 左右,水平排列的两只眼睛在看同一景物时,由于所处的角度有略微不同,所以两只眼睛看到的图像也略有差异,这就是所谓的视差,大脑将这两幅画面综合在一起,经视神经中枢的融合反射、以及视觉心理反应形成了单一的立体的心理像,便产生了三维立体感觉,如图 3-1 所示。在上面的实验中,用两只眼睛就能够很容易地将两只笔尖或者筷子尖对到一起了。

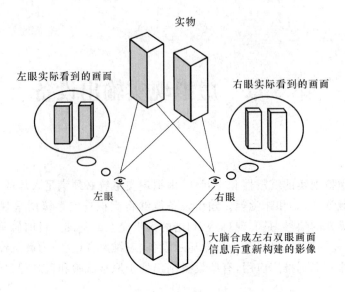

图 3-1　立体成像原理图

　　利用立体成像的原理,通过显示器将两副具有位差的左图像和右图像分别呈现给左眼和右眼,人就能获得 3D 的感觉。为了达到左眼(或右眼)只能看到左图像(或右图像)的目的,目前主要采用分光、分时、分色、视差屏障、双凸透镜 5 种技术。

3.1.2　分光立体显示技术

　　目前大多数电影院都采用分光立体显示技术放映立体电影。立体电影原理是用两个镜头如同人眼那样从两个不同位置同时拍摄景物的像,制成电影胶片,如图 3-2 所示。在放映时通过两个放映机,同步放映两个摄影机拍下的两组胶片,使略有差别的两幅图像重叠在银幕上。这时如果用眼睛直接观看,看到的画面是模糊不清的重影。为了达到放映立体电影的目的,需要在每架放映机前安装一块偏振片,其作用相当于起偏器,从两架放映机射出的光通过偏振片后成为偏振光。左右两架放映机前的偏振片的偏振化方向互相垂直,因而产生的两束偏振光的偏振方向也互相垂直。这两束偏振光投射到银幕上再反射到观众处,偏振光方向不改变。观众戴上一副偏振方向互相垂直的偏振片眼镜观看,每只眼睛只看到相应的偏振光图像,即左眼只能看到左放映机投射的画面,右眼只能看到右放映机投射的画面,左右眼看到各自不同的画面而互不干涉,如此一来,观众便能够观看到立体画面,如图 3-3 所示。

　　偏振亦称极化,是光和其他电磁辐射等波的一个重要特性。振动方向对于传播方向的不对称性叫作偏振,它是横波区别于其他纵波的一个最明显的标志,只有横波才有偏振现象。光波是电磁波,因此,光波的传播方向就是电磁波的传播方向。光波中的电振动矢量和磁振动矢量都与传播速度垂直,因此光波是横波,它具有偏振性。具有偏振性的光称为偏振光。普通的光源,如太阳光、灯光及其他的自然光,都是非极性的。极化光是一种比较特殊的电磁波,它的电磁振荡只发生在一个方向上,其他方向的振动为 0,人的眼睛是分辨不出光是不是极性的。在实验室可以容易地实现普通光的极化,如射向界面的一束光,反射光线与折射光线都是部分极化光。当入射光以一个特殊角度射入时反射光线是极化光,这个角叫做起偏角或者布儒斯特角,此时反射光线与折射光线互相垂直。三维电影院所配发的眼镜即是互相垂直的偏振片,偏振片是一种可以使天然光变成偏振光的光学元件,原理如图3-4所示。

图3-2 立体电影双镜头同步拍摄景物

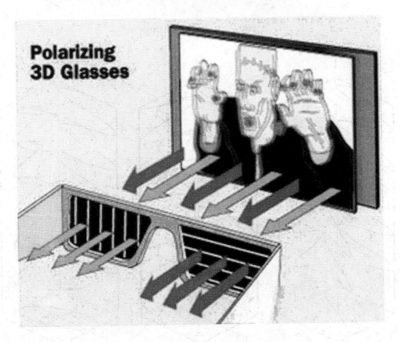

图3-3 偏振镜分光原理示意图

偏振光有多种类型,如线性偏振光、圆偏振光、椭圆偏振光等,如图3-5所示。在早期电影院放映立体电影时,使用的偏振眼镜是线性偏振眼镜,在使用该类立体眼镜看立体电影时,应始终保持眼镜处于水平状态,使水平偏振镜片看到水平偏振方向的图像,而垂直偏振镜片看到垂直偏振方向的图像。如果眼镜略有偏转,垂直偏振镜片就会看见一部分水平方向的图像,水平偏振镜片也会看见一部分垂直方向的图像,左、右眼就会看到明显的重影。现在电影院普遍使用的是圆形偏振技术,圆形偏振技术是在线偏振的基础上发展的,原理基本一致,但在观看效果上比线偏振有了质的飞跃。圆形偏振光偏振方向按一定的规律旋转,可分为左旋偏振光和右旋偏振光,它们相互间的干扰非常小,其通光特性和阻光特性基本不受旋转角度的影响。现在观看偏振形式的 3D 电影时,观众佩戴的偏振眼镜片一个是左旋偏振片,另一个是右旋偏振片,也就是说观众的左右眼分别看到的是左旋偏振光和右旋偏振光带来的不同画面,通过人的视觉系统产生立体感。

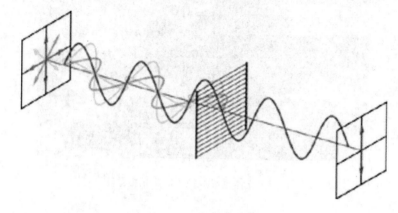

图 3-4 偏振片的原理

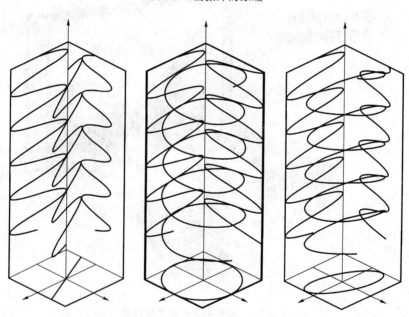

图 3-5 线性偏振光波、圆形偏振光波和椭圆偏振光波示意图

根据获取方式分类,偏振片可分为天然偏振片、人造偏振片。天然偏振片可以由具有特殊分子排列的晶体制成,通常很难找到合适的晶体,加工比较考究,很难获得,因此价格昂贵。人造偏振片由于制造工艺简单、价格便宜,并可制成较大面积,因而得到广泛的应用,目前在一般的偏振仪器以及许多起偏和检偏装置中大多数采用人造偏振片。偏振墨镜使用了布儒斯特角的原理来减少从水面或者路面反射的偏振光。摄影师利用相同的原

理来减少水面、玻璃或者其他非金属反射的太阳光,效果如图 3-6 所示。在图 3-6 中,相机用偏振光镜头在两种角度下所拍摄的玻璃窗画面。在左边的照片里,镜头的偏振角和反射光同向。右边的照片里,镜头的偏振角则是和反射光垂直,基本上消除了玻璃窗上所反射的阳光。

图 3-6 使用不同偏振片的拍摄效果

3.1.3 分时立体显示技术

分时技术是将两套视差图像在不同的时间播放,显示器在第一次刷新时播放左眼图像,同时用专用的快门式眼镜遮住观看者的右眼,下一次刷新时播放右眼图像,并遮住观看者的左眼。按照上述方法将两套视差图像以极快的速度切换,在人眼视觉暂留特性的作用下就合成了连续的图像,如图 3-7 所示。

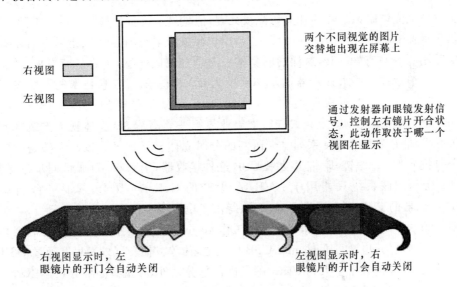

图 3-7 快门式 3D 显示示意图

分时立体显示技术主要基于液晶立体眼镜,又称时分法遮光技术、液晶分时技术。该技术所使用的立体眼镜镜片为黑白液晶屏,有透明和不透明两种状态,如图 3-8 所示。它的眼镜片实质上是可以分别控制开关的两扇液晶小窗户,开为透明,关为全黑,通过液晶眼镜和显示器刷新的精确同步,在同一台放映机上交替播放左右眼画面时,在放映左画面时,左眼镜打开,右眼镜关闭,观众左眼看到需要让左眼看见的画面,右眼什么都看不到。同样翻转过来时,右眼看右画面,左眼看不到画面,就这样让左右眼分别看到左右各自的画面,模拟出"视觉位移"从而在平面上产生 3D 效果。

图 3-8　液晶立体眼镜镜片

　　虽然液晶立体眼镜镜片的开关切换很关键,但是显示设备的刷新率也很关键,目前普通液晶显示器的刷新率大多在 60 Hz 左右,用户佩戴液晶分时立体眼镜后左右眼看到的画面实际刷新率只有 30 Hz,这样的刷新率会有明显的闪烁感,很容易产生视觉疲劳,所以分时立体显示技术要求显示器刷新率至少为120 Hz。随着信息技术的不断发展和进步,如今 120 Hz 液晶面板已经出现,使得基于个人计算机的立体显示成为可能。NVIDIA 公司在 CES 2009 上正式宣布推出业界第一套高清 3D 立体视觉方案"GeForce 3D Vision",是专为 GeForce 系列显卡研制的分时立体显示技术。核心配件是一副采用液晶分时技术的 3D 眼镜,附带大功率 USB 红外接收器,用来和 3D 眼镜同步遮光频率,如图 3-9 所示。该系统只能用于 NVIDIA 生产的 GeForce 显卡,需要一台刷新率达 120 Hz 显示器的支持,可以是液晶显示器、等离子电视或者投影仪。其中无线 3D 眼镜的视距最大约 6 m,内置电池供电,可以连续工作 40 小时以上,眼镜空闲十分钟后会自动关闭以节约电池电力,电池可通过 mini USB 口充电,简单方便。红外发射器通过 USB 接口与电脑链接,红外接收半径大约 6 m。除了硬件部分之外,真正核心部分在于驱动支持和游戏优化方面,据 NVIDIA 称,GeForce 3D Vision 无需修改游戏设置,只要搭配 GeForce 8/9/200 系列显卡和最新版 Forceware 显卡驱动及立体驱动程序,可以自动给 350 多款 PC 游戏带来立体效果,诸如给《Crysis》、《英雄连》、《虚幻竞技场 3》、《失落星球》、《鬼泣 4》等游戏带来立体效果。

(a)眼镜与接收器　　　　　　　(b)红外接收器背面旋钮用来调节景深

图 3-9　NVIDIA GeForce 3D Vision 套装

3.1.4　分色立体显示技术

分色技术的基本原理是让某些颜色的光只进入左眼,另一部分只进入右眼,并构造视差。比如,使用滤光技术制作的立体电影,在拍摄时给左右摄影机镜头前分别加装蓝/红滤光镜(也可以使用红/绿滤光镜),只允许蓝/红光通过,阻止大部分红/蓝光。当然现在的影片拍摄并不一定要用滤光镜,事实上通过后期处理也能剔除一些色彩(如 Photoshop 的滤镜)。当观众看电影时需要带一个红蓝滤光眼镜,此时左放映机的画面通过红色镜片(左眼),拍摄时剔除掉的红色像素自动还原,当它通过蓝色镜片(右眼)时大部分被过滤掉,只留下非常昏暗的画面,这就很容易被人脑忽略掉;反之亦然,右放映机拍摄到的画面通过蓝色镜片(右眼),拍摄时剔除掉的蓝色像素自动还原,产生另一角度的画面,当它通过红色镜片(左眼)时大部分被过滤掉,只留下昏暗的画面。这两个角度的画面经过滤光镜之后依然是偏色的,但当人眼传递给大脑后,大脑会自动接收比较真实的画面,而放弃昏暗模糊不清的画面,两幅画面被自动合成,从而生成接近原始色彩的立体画面,如图 3-10 所示。

图 3-10　红蓝滤光立体显示原理与红蓝立体眼镜

使用滤光原理制作的电影可以兼容所有的显示设备,并且只需要一副成本几元钱的红蓝或者红绿眼镜即可。早期的或者低端的立体电影院使用了这种方案,冠以"全球首部3D 电视剧"称号的《吴承恩与西游记》采用了红蓝分色立体显示技术,2010 年 3 月 9 日,比利时报纸《最后一点钟报》出版了全球首份 3D 报纸,我国首份 3D 报纸《十堰晚报》于2010 年 4 月 16 日正式发布,这些 3D 报纸也都基于滤光原理,如图 3-11 所示。

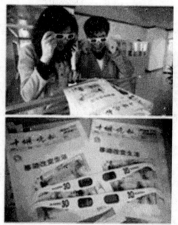

图 3-11　3D 报纸及附送的廉价分色立体眼镜

3.1.5　视差屏障立体显示技术

分光、分时和分色立体显示技术都需要佩戴相应的立体眼镜才能看到立体景物。视差屏障（Parallax Barrier）立体显示技术是一种裸眼立体显示技术，裸眼 3D 是指不采用特殊的眼镜也能显示三维（3D）影像的方法，也称为"Glassless 3D"。显示技术从黑白到彩色，从彩色再到高清，再从 2D 到 3D 再到裸眼 3D，裸眼 3D 立体显示技术的出现，被称为图像领域彩色替代黑白后又一次技术革命。以"视差屏障方式"和"双凸透镜（Lenticular Lens）方式"为代表。

视差屏障式 3D 技术使用一个开关液晶屏、偏振膜和高分子液晶层，利用液晶层和偏振膜制造出一系列方向为 90° 的垂直条纹。这些条纹宽几十微米，通过它们的光就形成了垂直的细条栅模式，称之为"视差屏障"。而该技术正是利用了安置在背光模块及 LCD 面板间的视差屏障，在立体显示模式下，应该由左眼看到的图像显示在液晶屏上时，不透明的条纹会遮挡右眼；同理，应该由右眼看到的图像显示在液晶屏上时，不透明的条纹会遮挡左眼，通过将左眼和右眼的可视画面分开，使观者看到 3D 影像，如图 3-12 所示。

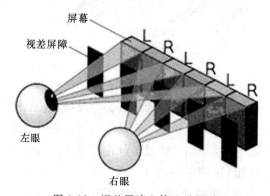

图 3-12　视差屏障立体显示原理

3.1.6 双凸透镜立体显示技术

双凸透镜立体显示技术也是一种裸眼立体显示技术,其原理是在液晶显示屏的前面加上一层柱状透镜使液晶屏的像平面位于透镜的焦平面上,这样在每个柱透镜下面的图像的像素被分成几个子像素,透镜以不同的方向投影每个子像素。双眼从不同的角度观看显示屏,就看到不同的子像素。不过像素间的间隙也会被放大,因此不能简单地叠加子像素,避免透镜与像素列平行,而是使二者成一定的角度。这样就可以使每一组子像素重复投射视区,而不是只投射一组视差图像,从而形成3D影像,如图3-13所示。目前的技术已经可以把透镜的截面做到微米级,使得立体图像更加精细。

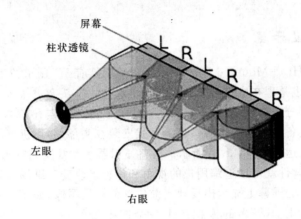

图 3-13 双凸透镜立体显示原理

3.1.7 常见立体显示技术分析

分光、分时、分色、视差屏障、双凸透镜等立体显示技术是目前主流的立体显示技术。偏振光式3D技术的优势在于画面不会产生闪烁、眼镜无需电源、质量轻、造型多样、产品和眼镜价格成本较低,且无需接收红外控制信号,因此适用于观众较多的场合;缺点在于3D画面景深表现一般,需要佩戴眼镜,画面亮度小幅降低。快门式分时3D显示技术的3D画面景深效果表现优秀,但是会大幅度降低画面亮度,易受其他光源影响产生闪烁,眼镜需要独立电源、质量大,并且需要同步,容易出现串扰现象,产品和眼镜的售价均较昂贵。目前市面上快门式分时3D显示器相比偏光式3D显示器,数量少很多,其中最主要的原因在于偏光式的3D显示器成本较低。偏光式3D技术又被称为"不闪式3D",不会造成画面的闪烁,但是景深的表现没有快门式的出色。从整体的使用感受来看,分色立体显示的3D立体效果较明显,但是缺点也非常明显,毕竟这仅仅是通过对两种颜色的过滤实现的效果,无法避免的偏色会影响用户的体验。

目前的裸眼3D技术,免去了用户佩戴眼镜的烦恼,不会因为眼镜影响用户日常使用的体验性,但是用户在进行裸眼3D屏幕的观看时,需要在特定的位置和角度才能够观看到完美的3D画面,如果角度或者位置有偏差,那么3D的效果会受到影响。目前的裸眼3D技术尚不够成熟、成本较高,因此相关的产品售价也会偏高。虽然存在一些问题,然而裸眼3D作为领先的立体显示技术,目前已经显示出了其强大的影响力,尤其是在手机等移动终端上面。视差屏障技术相当于把"3D眼镜"放在了显示器里,不过光栅层与液晶层之间的距离以及条纹的宽度必须相当精确,才能使得背光板的光透过该光栅之后,到达左眼的光线只经过奇数行的像素,到达右眼的光线则只经过偶数行的像素。这种方法的局限是,观看者只有在某一确定位置才能欣赏到3D影像,当然如果采用棋盘式光栅,观看的范围和角度也会更加自由。由于背光遭到视差屏障的阻挡,所以亮度也会随之降低,要看到高亮度的画面比较困难。由于透镜不会阻挡背光,因此双凸透镜立体显示画面的亮度不会受到影响,能够得到很好的保障。

此外,目前3D显示技术还拥有一个共同的缺点,就是用户长时间观看时,会造成严重的视疲劳感,出现眼干、眼痛、头晕、恶心等症状。无论是佩戴眼镜还是不佩戴眼镜,都会引发这个问题。

3.1.8 头盔显示器

头盔显示器(Head-Mounted Display,HMD)是目前3D显示技术中起源最早,发展得最完善的技术,也是现在应用最广泛的3D显示技术。头盔式显示器可以将参与者与外界完全隔离或部分隔离,因而已成为沉浸式虚拟现实系统与增强式虚拟现实系统不可缺少的视觉输出设备。它用眼罩或头盔的形式安装在头部,并用机械的方法固定,头与头盔之间不能有相对运动,如图3-14所示。头盔显示器上常常安装有陀螺仪和位置跟踪装置,这样虚拟现实软件就可以追踪用户的视角和位置来改变三维场景的视点,虚拟现实系统能在头盔显示器的屏幕上显示出反映当前位置的场景图像,如图3-15所示。头盔显示器能以比普通显示器小得多的体积产生一个广视角的画面,通常视角都会超过90°。HMD的基本原理是:在每只眼睛前面分别放置一个显示屏,两个显示屏分别同时显示双眼各自应该看到的图像,当两只眼睛看见包含有位差的图像,3D感觉便产生了。

图 3-14 头盔显示器

头戴式显示器在20世纪80年代之前就已经出现并用于政府和军方,但是直到2012年,仍然只有为数不多的制造商为消费者提供家用的头戴式显示器。头戴式显示器分为可透光和不可透光两种,可透光式头戴显示器除了可以用于显示画面,还可以让用户看到显示屏之后的景物。这种特性往往被用于增强现实的应用程式的开发。从20世纪80年代开始,头戴式显示器的体积和重量在缩小,显示效果也在提高。最新的家用头戴已经可以显示1 920×1 080的全高清的3D画面。头戴式显示器通常可以接受交换帧、左右并排、上下并排、双通道DVI的信号,最新的头戴式显示器可以接受 HDMI 1.4 的3D封装格式。

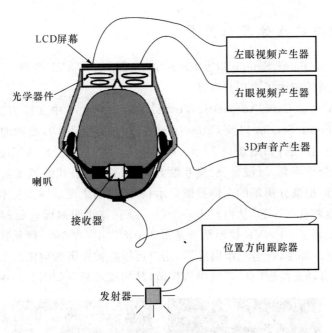

图 3-15 头盔显示器构成示意图

HMD 能给用户提供很强的沉浸感,但是也存在着许多缺点,例如佩戴 HMD 观察,会减少观察显示试验的娱乐、舒适和自然;人眼长时间近距离聚焦容易感到疲劳;屏幕成像太小,必须尽可能放大以达到和人眼所见视野相一致;另外,HMD 的造价也比较昂贵。

3.1.9 吊杆式显示器

由于 HMD 系统存在若干缺点,例如:单用户的局限性、显示屏幕分辨率不高、因头盔过于沉重带给用户的负担以及屏幕过近带给眼睛的不适感。于是在 1991 年,University of Illinois 的 Defanti 和 Sandin 针对 HMD 的缺点提出了一种改进的沉浸式虚拟显示环境:吊杆式虚拟环境(Binocular Omni-Orientation Monitor,BOOM),它的显示器由吊杆支撑,能提供用户高分辨率、高质量的影像而且对用户无重量方面的负担,如图 3-16 所示。但是该系统还是一种单用户虚拟环境而且并不能解决屏幕过近对用户眼睛所造成的不适感。

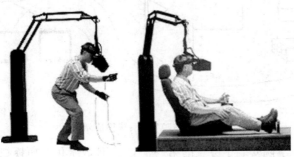

图 3-16 BOOM 显示器

3.1.10　洞穴式立体显示装置

在1992年,DeFanti、Sandin以及Cruz-Neira提出了CAVE系统,一种四面的沉浸式虚拟现实环境,成功解决了多用户问题。

CAVE英文全称Cave Automatic Virtual Environment,中文译为"洞穴式自动虚拟环境",是由DeFanti、Sandin以及Cruz-Neira于1992年提出的,成功地解决了多用户同时体验虚拟环境的问题,如图3-17所示。CAVE是一种基于投影的沉浸式虚拟现实显示系统,其特点是分辨率高、沉浸感强、交互性好。CAVE沉浸式虚拟现实显示系统以计算机图形学为基础,把高分辨率的立体投影显示技术、多通道视景同步技术、音响技术、传感器技术等完美地融合在一起,从而产生一个被三维立体投影画面包围的供多人使用的完全沉浸式的虚拟环境。CAVE投影系统是由3个面以上(含3面)硬质背投影墙组成的高度沉浸的虚拟演示环境,配合三维跟踪器,用户可以在被投影墙包围的系统近距离接触虚拟三维物体,或者随意漫游"真实"的虚拟环境,其构成示意图如图3-18所示。

图3-17　1992 Dr. Cruz-Neira在SIGGRAPH会议上演示CAVE

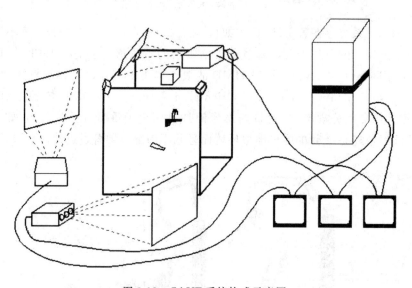

图3-18　CAVE系统构成示意图

Seinajoki理工学院安装了芬兰的第一个CAVE数字化5面模拟显示环境,如图3-19所示。系统采用5台Christie Mirage 4000数字投影机,包含5个背投表面(左墙、后墙、右墙、地板和天花板）。空间尺寸为 3 m×3 m(高 2.4 m)，玻璃地板能够支撑超过5 000 kg的不规则载荷。CAVE 一次容纳 1～5 人时可获得最佳的沉浸体验。该环境是完全环绕的立体环境，采用覆有特殊涂层的屏幕，并使用反射镜折射光纤，以缩短投影距离。

图 3-19 Seinajoki 理工学院 CAVE 数字化模拟显示环境

美国伊利诺伊州的芝加哥大学 2012 年开发了一套名为"CAVE2"的 CAVE 系统。"CAVE2"拥有 72 个屏幕及 20 个扬声器，需要 36 台电脑共同运行；投影直径 24 英尺、高度达 8 英尺，可以让体验者以 320°的视觉进入真正的虚拟现实世界，如图 3-20 所示。

图 3-20 芝加哥大学的"CAVE2"系统

CAVE 沉浸式虚拟现实显示系统是一种全新的、高级的、完全沉浸式的数据可视化手段，可以应用于任何具有沉浸感需求的虚拟仿真应用领域。如虚拟设计与制造、虚拟装配、模拟训练、虚拟演示、虚拟生物医学工程、地质、矿产、石油、航空航天、科学可视化、军事模拟、指挥、虚拟战场、电子对抗、地形地貌、地理信息系统(GIS)、建筑视景与城市规划、地震及消防演练仿真等。由于投影面几乎能够覆盖用户的所有视野，所以 CAVE 系统能提供给使用者一种前所未有的带有震撼性的身临其境的沉浸感受。CAVE 存在的问题是价格昂贵、需要较大的空间与更多的硬件，目前也没有产品化与标准化，对使用的计算机系统图形处理能力也有极高的要求，因而在一定程度上限制了它的普及和应用。

3.1.11 响应工作台显示装置

从 CAVE 的提出开始，各种类型的基于投影的沉浸式虚拟现实环境相继出现。例如，

1993 年德国 GMD 的响应工作台立体显示装置（Responsive WorkBench，RWB）是一种单投影面的系统，立体影像将通过镜子的反射投影到一个水平的投影平面，用户借用立体眼镜和数据手套等可以在此工作平面上与虚拟物体进行交互，如图 3-21 和图 3-22 所示。

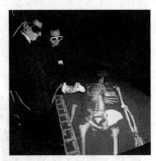

图 3-21　响应工作台的工作原理图　　　图 3-22　德国 GMD 的响应工作台

3.1.12　墙式立体显示装置

墙式立体显示装置大多基于投影系统来实现。投影系统主要包括多台支持高分辨率影像的功能相同的投影机以及投影屏幕。虚拟环境的立体影像将通过投影机投影到投影屏幕上，经过校准，投影屏幕可根据应用的需要组合成弧形、平面等较大的投影幕来显示合成图像。由于存在多个通道的投影画面拼接的问题，投影仪必须同步，图像间需要重叠，以保证合成图像的连续。图像间的重叠会造成重叠区域亮度与非重叠区域亮度不一致，因此，投影仪需要调节（变暗）重叠像素的光强度。如图 3-23 所示，投影拼接前重叠区域的亮度高于其他区域。图 3-24 是拼接后的效果。

图 3-23　平面式投影墙拼接前的效果

图 3-24　平面式投影墙拼接后的效果

　　立体影像生成技术主要有两种：主动式立体模式与被动式立体模式。在主动式模式下，用户的左、右眼影像将依帧顺序显示，用户使用 LCD 立体眼镜保持与立体影像的同步，这种模式可以产生高质量的立体效果。而被动式系统则需要使用两套投影设备为左右眼的影像进行投影，两台投影机的前面分别加装不同角度的偏振片以区别左右眼影像，用户使用相应的偏振光眼镜保持立体影像的同步，如图 3-25 所示。

图 3-25　两台 4 000 流明投影机及其镜头前加装的两片偏光镜片

　　在主动式立体显示模式下，由于高分辨率影像需要以 120 Hz 的刷新率进行刷新，因此对投影机的带宽以及响应速度上都有比较高的要求。对于被动式立体模式来说，每个投影面需要两台投影机分别对左右两眼的影像进行投影，不过对投影机的要求相对来说比较低，但投影屏幕则需要用专门材料以保证光的偏振角度不在屏幕上发生变化。

　　借助主被动立体信号转换器，主动式立体显示模式可以转换为被动式立体显示模式，可以将输入的主动立体信号转换成两路同步的被动立体信号（左眼图像和右眼图像），然后将左眼和右眼图像同步地输入给两台 LCD/LCOS 投影机，通过佩戴的偏振立体眼镜观看，可以得到高质量的 3D 影像效果。该产品采用标准的 LCD/LCOS 投影机技术显示真实的被动立体影像，虚拟现实系统用户不再需要使用价格昂贵的 CRT 或 DLP 专业投影机，便可以实现高分辨率、高清晰度、无闪烁、大幅面逐行三维投影显示，是一种低成本的立体投影系统解决方案，如图 3-26 所示。

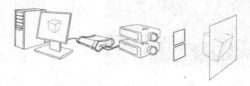

图 3-26　配备立体转换器的双投影立体投影系统

　　图形与计算系统负责生成虚拟环境并对用户的交互信息进行处理，它是驱动整个系统的核心。为了让虚拟环境能够达到一定的沉浸感并维持其实时性，图形与计算系统必须根据用户的视点实时地生成各个投影面相对于用户视点位置的立体影像，并且需要实时地对用户的交互信息以及数据进行处理和计算，尽可能地降低系统的响应延迟，所以系统在图形能力以及计算能力方面有较高的要求。传统的多投影沉浸式虚拟环境一般采用专业图形工作站来驱动，这一类工作站可支持多处理器并行计算、高带宽的内部数据传输率以及高性能图形处理能力，可实时地生成处理大量的数据并实时地生成高质量的立体影像,同时可通过其多通道输出的配置同时驱动多台投影机对多个投影面进行投影。鉴于传统系统专业图形工作站价格昂贵,并且近些年来 PC(个人计算机)在计算能力和图形处理能力方面都有很大的提高,以 PC 驱动的多投影沉浸式系统已成为一个研究热点。与图形工作站不同,一般的 PC 只能提供一个图形通道输出,所以由 PC 架构的系统将由多台连网的高性能 PC 驱动,每一台 PC 或是每两台 PC 负责一个投影面的投影。各 PC 将并行地生成虚拟环境中的不同投影面,所以在 PC 之间需要有多层次的同步机制来进行协调,以确保由各个投影面所构成的虚拟环境最终的正确性,如图 3-27 所示。

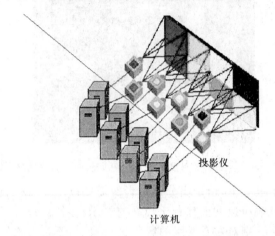

图 3-27　屏幕拼接墙式立体显示装置示意图

深圳欢乐谷的"魔幻城堡"主题项目建造了一个面积巨大的半球穹顶幕投影画面,该投影是二维投影,最大的挑战来自多台投影机的屏幕拼接。投影幕面是一个穹顶,并且面积很大,天花最高处离地面 19 m,天花直径 29 m,球面天花球形面高度 7.25 m,面积约为800 m^2,场地为圆筒形,如图 3-28 所示。

 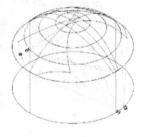

图 3-28　"魔幻城堡"示意图

画面要填充整个天花穹顶,根据现场条件,该项目用 4 台投影机满投整个天花穹顶,每台投影机投射天花的 1/4。亮度参数是投影系统设计的一个重要参数,不能仅参考投影机的亮度参数。其实真正影响视觉效果的是画面的亮度,也称屏前亮度。影响屏前亮度的因素除了投影机的亮度参数外还有投射画面的大小以及屏幕的增益。计算系统的屏前的亮度:投影机的总亮度为 20 000×4＝80 000 ANSI 流明(平均亮度),考虑到边缘融合和数字校正的亮度损失(约为 15%),按照 68 000 ANSI 流明计算,投射画面面积约为800 m^2,天花材料的反射增益值调整到 1.2,经过亮度计算软件计算,可以达到约 10 英尺朗伯的图像亮度,接近电影院 12 英尺朗伯的要求。另一个需要特别处理的是投影画面的变形,一个平面矩形的投影画面要变形为 1/4 球形曲面的投影画面,变形量很大,如图 3-29 所示。因此两个投影单元之间的画面拼接处理技术——边缘融合技术越来越重要。目前高端的工程投影机大都具备边缘融合功能,但是投影机自身的边缘融合功能只能实现平面的边缘融合,无法实现曲面的边缘融合。该项目采用了美国 Silicon Optix 公司的 Image Anyplace 边缘融合机实现了曲面的变形和融合。

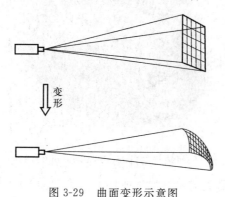

图 3-29 曲面变形示意图

3.1.13 三维打印机

三维立体打印机,也称三维打印机(3D Printer,3DP)是快速成型(Rapid Prototyping,RP)的一种工艺,采用层层堆积的方式分层制作出三维模型,其运行过程类似于传统打印机,只不过传统打印机是把墨水打印到纸质上形成二维的平面图纸,而三维打印机是把液态光敏树脂材料、熔融的塑料丝、石膏粉等材料通过喷射粘结剂或挤出等方式实现层层堆积叠加形成三维实体。三维打印机的打印效果如图 3-30 和图 3-31 所示。

图 3-30 三维扫描仪机器打印效果

图 3-31 三维模型(左)与三维打印机输出效果(右)

2012年9月,美国德克萨斯大学奥斯丁分校的古生物学家雅各布·温瑟尔(Jakob Vinther)研究小组根据2001年在美国俄亥俄州北部发现的3.9亿年前的 Protobalanus spinicoronatus 软体动物化石重构了其三维立体模型,并使用3D打印机打印出了一个立体的物理模型,如图3-32所示。

图 3-32　三维打印机输出的"Protobalanus spinicoronatus"立体模型

3D打印技术的优点是无需机械加工或任何模具,就能直接从计算机图形数据中生成任何形状的零件,从而极大地缩短产品的研制周期,提高生产率和降低生产成本。与传统技术相比,三维打印技术还拥有如下优势:通过摒弃生产线而降低了成本,大幅减少了材料浪费。而且,它还可以制造出传统生产技术无法制造出的外形,让人们可以更有效地设计出飞机机翼或热交换器。另外,在具有良好设计概念和设计过程的情况下,三维打印技术还可以简化生产制造过程,快速有效又廉价地生产出单个物品。另外,与机器制造出的零件相比,打印出来的产品的重量要轻60%,并且同样坚固。

3.2　听觉感知设备

听觉子系统是根据声音到达两耳的相位差来区别声音的方向的,同时还要考虑每个人的头部相关传递函数,即人的因素在内。听觉通道为用户提供三维立体音响。研究表明,人类有15%的信息量是通过听觉获得的。在虚拟现实系统中加入三维虚拟声音,可以增强用户在虚拟环境中的沉浸感和交互性。关于三维虚拟声音的定义,虚拟听觉系统的奠基者 Chris Currell 曾给出如下描述:"虚拟声音是一种已记录的声音,包含明显的音质信息,能改变人的感觉,让人相信这种记录声音正实实在在地产生在真实世界之中。"在虚拟现实系统中创建三维虚拟声音,关键问题是三维声音定位。具体说,就是在三维虚拟空间中把实际声音信号定位到特定的虚拟声源,以及实时跟踪虚拟声源位置变化或景象变化。

最早的商用三维听觉定位系统是应 NASA Ames Research Center 的要求,由 Crystal River Engineering Inc. 公司研制的,名称为 Convolvotron 听觉定位系统。该系统在 VPL 公司以 Audiosphere 名称出售。Convolvotron 中用的空间声合成方法是1988年由 Wenzel 提出的。该方法的基本思想是利用对应于相邻两个数据块冲击响应的权值和指针分别计算初期和后期插值滤波,并通过衰减插值得到时变响应对。然后对数据样本卷积(Convolvotron),得到对应于每个立体声通道的输出。Convolvotron 系统由两个主要成份和一个主计算机所组成。主计算机必须是 IBM PC 或功能相同的计算机。系统的中心计算部分包括 4 个 INMOSA-100 可级联的数字信号处理器。该系统是当前最成功的三维听觉定位系统。另外,针对虚拟现实系统中常常存在多种声源,例如击中目标时,爆炸声伴随解说词等,也有研究人员提出了利用多媒体计算机实时立体声合成的简化算法,解决了多声源环境的实时混声问题。

虚拟环境中的虚拟声音是通过立体声设备输出的,典型的传感器是立体声耳机和多声道音箱。目前,立体声耳机已能达到相当不错的音响效果,不论是模拟自然界的音响还是人类的语音都能够做到逼真再现。但困难的地方在于使立体声通过耳机传出的声音有位置感。比如当听到歌声时,能判断出声音来自何方、距离有多远。又比如当火车朝我们疾驶而来时,发出的声音很尖锐;当火车从我们身边离去时,同样的车速其发出的声音就要小得多,要在虚拟现实系统里实现这样的效果比较困难。

传统的双声道系统很难提供逼真的声场效果,目前常见的多声道音箱包括 5.1 声道系统和 7.1 声道系统。5.1 声道已广泛运用于各类传统影院和家庭影院中,一些比较知名的声音录制压缩格式,譬如杜比 AC-3(Dolby Digital)、DTS 等都是以 5.1 声音系统为技术蓝本的,其中"0.1"声道,则是一个专门设计的超低音声道,这一声道可以产生频响范围 20~120 Hz 的超低音。其实 5.1 声音系统来源于 4.1 环绕,不同之处在于它增加了一个中置单元。这个中置单元负责传送低于 80 Hz 的声音信号,在欣赏影片时有利于加强人声,把对话集中在整个声场的中部,以增加整体效果。目前 5.1 声道音效处理系统是比较完美的声音解决方案。经常听到的"杜比 5.1 声道"其实就是使用 5 个喇叭和 1 个超低音扬声器来实现一种身临其境的音乐播放方式,它是由杜比公司开发的,所以叫做"杜比5.1 声道"。在 5.1 声道系统里采用左(L)、中(C)、右(R)、左后(LS)、右后(RS)5 个方向输出声音,使人产生犹如身临音乐厅的感觉。5 个声道相互独立,其中".1"声道,则是一个专门设计的超低音声道。正是因为前后左右都有喇叭,所以就会产生被音乐包围的真实感。7.1 声道系统更强大,它在 5.1 声道系统的基础上又增加了中左和中右两个发音点,以求达到更加完美的境界。相对于 5.1 声道系统而言,7.1 声道系统成本较高。

3.3 触觉和力觉反馈设备

触觉和力觉反馈器系统改变了以往基于视觉与听觉和键盘鼠标等传统的二维人机交互技术,为使用者提供了一种更加自然和直观的基于力和触觉的人机交互方式。用户可以利用触觉和力觉信息去感知虚拟世界中物体的位置和方位或者操纵和移动物体来完成某种任务。触觉反馈给用户物体表面几何形状、表面纹理、滑动等信息,力反馈给用户接触力、表面柔顺、物体质量等信息。触觉和力觉的存在使得人与虚拟环境的交互更加精确。

3.3.1　触觉反馈装置

触觉指的是人通过皮肤对热、压力、振动、滑动以及物体表面纹理、粗糙度等特性的感知。虚拟现实中触觉反馈主要是通过基于机械或者电子原理的触觉反馈装置实现的。

1. 支持触觉反馈的 3D 触摸屏

微软正在研发一种融合触觉反馈的 3D 屏幕，这种屏幕能通过阻力和振动给用户以触摸反馈，使得用户感受到屏幕中物体的触感。该 3D 触摸屏包括一个上面带有许多压力传感器的 LCD 屏幕和一个把屏幕拉前推后的机械臂。它的原理是通过控制用户指尖的压力模拟出物体的质感以及重量。当用户的指尖触摸到屏幕时，系统会便产生一个轻微的阻力，从而保证用户手指与触摸屏处于贴合状态，如果用户继续按压屏幕，机械臂便会向后移动屏幕，如果触压力量缩小，机械臂则会相应地将屏幕向前推移。与此同时，系统会调整屏幕中物体的大小和角度，创建一个 3D 效果图。达到的效果如图 3-33 所示，石头方块需要更大的力气推动。除此之外，当用户的手指在屏幕上滑动时，系统可以通过调整屏幕的位置适应虚拟物体的轮廓。这种技术存在的问题在于屏幕无法提供精确的纹理触感，如果手指在比较粗糙的物体上移动，那这个系统的屏幕相应地需要频繁地移动，精度不会很高。

图 3-33　支持触觉反馈的 3D 触摸屏

2. 喷气触觉反馈装置

迪士尼研究中心(Disney Research)研发了一套非穿戴式触觉反馈系统，该系统包含一个压缩气旋发射装置与若干摄像头和感应器，工作时压缩机会根据场景的变换喷射出不同气密度与速度的气旋，会带给玩家真实的物体触碰感觉，举例来说，视觉上看到一只蝴蝶缓缓飘落在手掌心时，与蝴蝶此时的重量相当的气旋会随之"飘落"到手掌上，在有效范围内具有较高的精度与力度，如图 3-34 所示。

图 3-34　喷气触觉反馈装置

3. 基于偏转质量的振动触觉

偏转质量（Eccentric Rotation Mass，ERM)是市场上比较老也是比较成熟的触觉反馈技术之一,主要提供振动功能。这种振动大多是由 ERM 实现的。如图 3-35 所示,ERM 包含一个偏心旋转质量,它旋转时形成一个全方向的振动,振动传遍整个设备。例如,手机处于静音或者振动模式时的振动提醒。

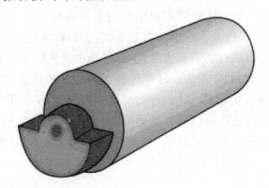

图 3-35　偏转质量示意图

4. 基于线性共振传动器的振动触觉

目前,许多新型手持设备采用线性共振传动器(Linear Resonant Actuator,LRA)作为触觉反馈技术。LRA 是一个连接弹簧的磁铁,被一个线圈环绕,放置于一个盒形外壳内,如图 3-36 所示。磁铁受到控制,以线性方式移动,最终达到共振频率。这种以共振频率工作的方式,让驱动器可以在更低功耗条件下运行,功耗比 ERM 平均低 30％;但是,会受限于这一频率。LRA 驱动频率移至该共振频带以外时,效率和性能都会大大降低。因为弹簧常数会因损耗、温度波动或者其他环境因素变化而改变,都可能会引起效率和性能的降低。

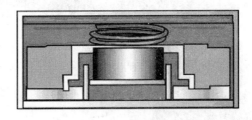

图 3-36　线性共振传动器示意图

3.3.2　力觉反馈装置

力反馈(Force feedback)这个术语,通常用来描述触觉和动觉反馈。若要真实模拟触摸虚拟物体的感觉,力回馈也是必须要加以考虑的信息。它能够将虚拟物体的空间运动转变成周边物理设备的机械运动,使用户能够体验到真实的力度感和方向感,从而提供一个崭新的人机交互界面。许多研究机构和企业一直从事研发能够让使用者通过力回馈感觉虚拟物体的设备。

（1）力觉反馈操纵杆

力觉反馈操纵杆的基本思路是将操纵杆的运动与屏幕上的动作联系起来。例如，在战斗游戏中用机关枪扫射时，操纵杆会在手中震动。或者，如果飞机在飞行游戏中坠毁了，操纵杆会猛然向后推。力觉反馈操纵杆的大部分组件与普通的操纵杆相同，只是增加了几个重要组件：一个板载微处理器、几台电动机以及一个齿轮传动系统或皮带传动系统。与操纵杆相连的 X 方向轴和 Y 方向轴均与皮带轮接合在一起。每根轴的皮带的另一端与一个电动机的转轴接合在一起。在这个机构中，旋转电动机轴将移动皮带，从而带动方向轴转动；转动方向轴也将移动皮带，从而带动电动机转轴旋转。皮带的作用是传递和放大从电动机到方向轴的作用力。板载处理器和操纵杆的物理运动产生的电信号都会使电动机轴旋转。这样，甚至在电动机移动操纵杆的同时，仍然可以移动操纵杆。在电动机的另一端，其转轴与操纵杆的位置传感器（如分压器或者光学传感器）相连。只要操纵杆发生移动，无论这种移动是由电动机引起的还是游戏者引起的，传感器都可以检测出操纵杆的位置。

（2）力反馈手臂

美国 SensAble Technologies 生产的 PHANTOM 是最早被商业化的触觉系统之一，具有简单易用的优点，如图 3-37 所示。这个触觉设备仅在一个接触点而不是许多不同接触点上模拟触觉信号。它通过连接在机械臂上的触针来实现这一目的。3 个小型发动机在触针上施加压力，从而将力度反馈给使用者。因此，使用者可以感受到虚拟气球的弹性，或是砖墙的坚硬，也可以感受到这些物体的重量等。触针可以被制成任何形状，从而模拟多种物体，例如可以装配上注射器来模拟打针时皮肤和肌肉所受的感觉。

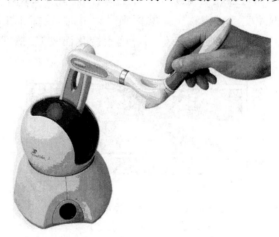

图 3-37　SensAble Phantom Omni 6 自由度力反馈器

图 3-38 为美国 SensAble 公司研发的桌面力反馈装置，用户把手指或铅笔插入一个指套，能够感受虚拟物体的位置、质量、摩擦和硬度等物理特性，可以用于虚拟的三维雕刻等应用。

Virtuose 6D40-40 是一种带有 6 个自由度的触觉感测装置，又定义为"master arm"，是配备有力反馈系统的大型机台。专门为远端的机械操作遥控而设计的模拟装置。由于其嵌入了 Cartesian 力道控制,能运用在所有机械手臂动力测量中。藉由力反馈装置,使用者可以精确地控制力量,通过远端操控,以减少工具的损害及降低环境危险的发生,如图 3-39 所示。

图 3-38　桌面力反馈装置

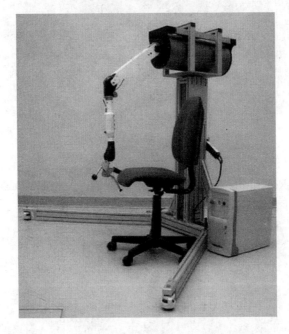

图 3-39　Virtuose 6D40-40 master arm

力反馈操纵手臂一般安装在桌面上,提供多达 6 个自由度的触觉和力觉反馈,同时也可以作为一种输入设备,但是价格较高。

(3) 有力反馈的 Rutgers 轻便操纵器

Rutgers Master Glove 是美国 Rutgers 大学(Rutgers, The State University of New Jersey)的 Burdea 等人研发的一种内置式多指力反馈设备。该手套能够在除小指之外的 4 个手指上连续产生 16 N 的阻尼力,摩擦小,但手指的运动空间受到限制,如图 3-40 所示。

Rutgers 轻便操纵器可安装在数据手套的手掌上,为数据手套添加力反馈功能。

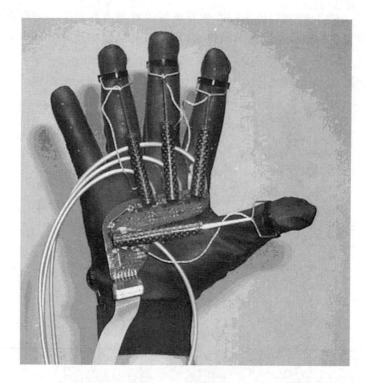

图 3-40　Rutgers Master Ⅱ 力反馈装置

（4）LRP 手操纵器

Laboratoire de Robotique de Paris（LRP）研制了一种比 Rutgers 有更多自由度的操纵器，称之为"LRP 手操纵器"，如图 3-41 所示。提供力反馈给手的 14 个部位。

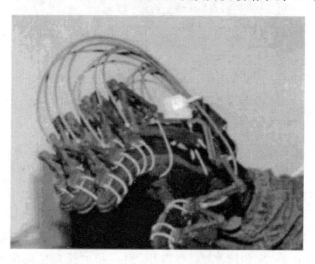

图 3-41　LRP-DHM 力反馈装置

（5）Immersion CyberGrasp 力反馈手套

CyberGrasp 是 Immersion Corporation 的生产的一款设计轻巧而且有力反馈功能的

设备,像是盔甲或者骨骼一样附在 CyberGlove 上,并具有延展性,适用于任何尺寸大小,对每根手指施加力反馈,如图 3-42 所示。使用者可以通过 CyberGrasp 的力反馈系统去触摸电脑内所呈现的 3D 虚拟影像,感觉就像触碰到真实的东西一样。该产品质量很轻,可以作为力反馈外骨骼佩戴在 CyberGlove 数据手套上使用,能够为每根手指添加阻力反馈。使用 CyberGrasp 力反馈系统,用户能够真实感受到虚拟世界中计算机 3D 物体的真实尺寸和形状。接触 3D 虚拟物体所产生的感应信号会通过 CyberGrasp 特殊的机械装置而产生了真实的接触力,让使用者的手不会因为穿透虚拟的物件而破坏了虚拟环境的真实感。护套内的感应线路能够反应细微的压力以及摩擦力,5 支手指上的马达采用了高质量的 DC 马达。

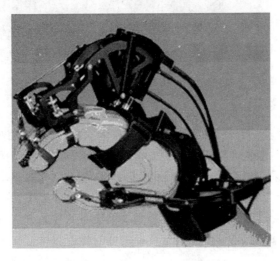

图 3-42 CyberGrasp 系统

使用者手部用力时,力量会通过外骨骼传导至与指尖相连的肌腱。一共有 5 个驱动器,每根手指 1 个,分别进行单独设置,可避免使用者手指触摸不到虚拟物体或对虚拟物体造成损坏。高带宽驱动器位于小型驱动器模块内,可放置在桌面上使用。此外,由于 CyberGrasp 系统不提供接地力,所以驱动器模块可以与 GrapPack 连接使用,具有良好的便携性,极大地扩大了有效的工作区。

该装置施加遍及运动范围的大约垂直于指尖的抓取力和可以单独指定的力。Cyber-Grasp 系统可使手部在整个运动范围内运动,但并不妨碍佩戴者的动作。该装置是完全可调的,其设计的目的是适应各种各样的手。在用力过程中,设备发力始终与手指垂直,而且每根手指的力均可以单独设定。CyberGrasp 系统可以完成整手的全方位动作,不会影响佩戴者的运动。并可根据不同使用者手型的特点进行产品调整和定制设计。

CyberGrasp 最初是为了美国海军的远程机器人专项合同进行研发的,可以对远处的机械手臂进行控制,并真实地感觉到被触碰的物体。目前在医疗、虚拟现实培训和仿真、计算机辅助设计(CAD)和危险物料的遥操作方面有重要应用。

(6) Immersion CyberTouch

CyberTouch 是针对触觉模拟的力反馈装置,需要搭配具有 18 个传感器的 Cyber-

Glove 手套一同使用。CyberTouch 的特色是在手指与手掌部位上设置了许多小型触觉振动器。每个振动器可以独立编辑不同强度的触感压力。该振动器能产生单一频率或持续性的振动,且可以感受到虚拟物体的外形。因此软件开发设计师除了可以自由设计他们想要的物体外型,还可以定义虚拟物体的触感。即使不通过视觉,利用 CyberTouch,也可以清楚感觉到手上的虚拟物件,如图 3-43 所示。

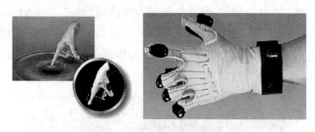

图 4-43　CyberTouch 力反馈系统

3.3.3　发展趋势总结

大部分已开发的触觉力觉反馈设备的重量和体积都比较大,用户长时间使用会感觉到非常疲劳。一方面,触觉力觉反馈设备应遵循体积小、重量轻、摩擦小的设计原则,从人机工程学原理出发,采用新型材料,设计和开发功率/重量比大的驱动机构,从而达到减轻虚拟环境用户使用疲劳的目的。另一方面,在复杂的虚拟环境中,为了实现触觉力觉的反馈所引发的计算量十分巨大,应研究触觉力觉反馈设备的控制方法,提高触觉力觉反馈设备的带宽并缩短计算时间,增强触觉力觉反馈的实时性。

第4章　虚拟现实中的计算技术

在虚拟现实系统中，计算机起到核心作用，负责接收输入设备的输入信息、计算产生虚拟场景，并对人机交互进行响应，输出信息到输出设备。虚拟现实一般使用网格模型来表示一个物体，网格面片可以是三角形、四边形或者多边形。如果想使被描述的物体与现实的物体更接近，就要用更小、更多的网格面片去逼近虚拟物体，使人眼无法区分是曲面还是由许多网格面片形成的物体。这个数据量是巨大的，如何有效地对这些物体进行组织和管理以满足实时绘制的要求，是一个非常重要的问题。另外，为了更加真实地反应虚拟环境的效果，需要增加光照、阴影、特效等功能，对系统资源的消耗量非常大。虚拟环境是一个动态环境，其中存在许多运动的物体。为实现虚拟环境中物体的运动，通常每隔一定时间步长，需要重新计算虚拟环境中物体的位置、方向与几何形状，然后将这些物体按它们在虚拟环境中的新状态显示出来。当时间步长取得足够小时，即刷新虚拟环境运动状态足够快时，虚拟环境中物体的运动看上去才是连续运动。为此，刷新率通常需要每秒20帧以上。虚拟环境往往由成百上千个物体的模型构成，这些虚拟物体在运动时需要用碰撞检测技术来保证其物理真实性，如一个物体不能"侵入"到另一个物体内部。参与碰撞检测的物体数目多、形态复杂。物体的相对位置是变化的，系统每间隔一定时间就对所有物体两两之间进行碰撞检测。当虚拟环境中有 n 个物体时，这种多个物体之间的碰撞检测方法的时间复杂度最高可能会达到为 $O(2^n)$，碰撞检测的频率可能会达到每秒钟十几次至几十次，当虚拟环境中物体数量较大时，碰撞检测需要巨大的计算能力做支撑。总之，虚拟现实系统需在满足实时性和低延迟的同时，需要构造尽可能逼真、精细的三维复杂场景，其数据规模日益膨胀。产生虚拟环境所需的计算量极为巨大，这对计算机的配置提出了极高的要求，计算系统的性能在很大程度上决定了虚拟现实系统的性能优劣。

为了满足日益增长的对计算资源的需求，一些虚拟现实系统使用了高性能的超级计算机。除此之外，还有3种解决方案值得关注，分别是使用基于 GPU 并行计算技术、基于 PC 集群的并行渲染技术和基于网络计算的虚拟现实系统。

4.1　GPU 并行计算技术

图形处理单元（Graphic Processing Unit, GPU），即图形处理器或图形处理单元，是计算机显卡上的处理器，在显卡中地位正如 CPU(Central Processing Unit)在计算机架构中的地位,是显卡的计算核心。GPU 由 NVIDIA 公司于 1999 年首次提出。GPU 本质是一个专门应用于 3D 或 2D 图形图像渲染及其相关运算的微型处理器,但由于其高度并行的计算特性,使得它在计算机图形处理方面表现优异。

4.1.1　GPU 概述

GPU 最初主要用于图形渲染,而一般的数据计算则交给 CPU。图形渲染的高度并行性使得 GPU 可以通过增加并行处理单元和存储器控制单元的方式提高处理能力和存储器带宽。GPU 将更多的晶体管用作执行单元,而不是像 CPU 那样用作复杂的控制单元和缓存并以此来提高少量执行单元的执行效率,如图 4-1 所示。这意味着 GPU 的性能可以很容易提高。

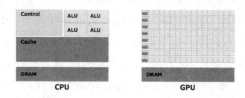

图 4-1　GPU 将更多晶体管用于了数据处理

自 20 世纪 90 年代开始,GPU 的性能不断提高,GPU 已经不再局限于 3D 图形处理了,GPU 通用计算技术发展已经引起业界不少的关注,事实也证明在浮点运算、并行计算等部分计算方面,GPU 可以提供数倍乃至于数十倍于 CPU 的性能,如图 4-2 所示。将GPU 用于图形图像渲染以外领域的计算称为基于 GPU 的通用计算(General Purpose on GPU,GPGPU),它一般采用 CPU 与 GPU 配合工作的模式,CPU 负责执行复杂的逻辑处理和事务管理等不适合并行处理的计算,而 GPU 负责计算量大、复杂程度高的大规模数据并行计算任务。这种特殊的异构模式不仅利用了 GPU 强大的处理能力和高带宽,同时弥补了 CPU 在计算方面的性能不足,最大程度地发掘了计算机的计算潜力,提高了整体计算速度和效率,节约了成本和资源。

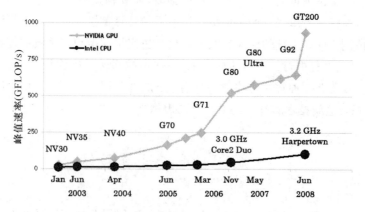

图 4-2　GPU 与 CPU 峰值计算能力对比图

2009 年，ATI(AMD)发布的高端显卡 HD5870 已经集成了 2.7 T Flops 的运算能力，这相当于 177 台深蓝超级计算机节点的计算能力。因此，利用 GPU 的强大计算能力进行通用计算(General-Purpose computation on Graphics Processing Units,GPGPU)成为近年来 GPU 的发展趋势。经过几大显卡生产厂商(NVIDIA、AMD/ATI、Intel 等)对硬件架构和软件模型的改进，GPU 的可编程能力不断增强。

4.1.2　CUDA 架构

CUDA(Compute Unified Device Architecture)，是显卡厂商 NVIDIA 推出的通用并行计算架构，该架构使 GPU 能够解决复杂的计算问题。它包含了 CUDA 指令集架构(ISA)以及 GPU 内部的并行计算引擎。开发人员现在可以使用高级语言基于 CUDA 架构来编写程序。利用 CUDA 能够充分地将 GPU 的高计算能力开发出来，并使得 GPU 的计算能力获得更多的应用。

不同于以前将计算任务分配到顶点着色器和像素着色器，CUDA 架构包含一个统一的着色器管线(Pipeline)，允许执行通用计算任务的程序配置芯片上的每一个算术逻辑单元(Arithmetic Logic Unit,ALU)。所有 ALU 的运算均遵守 IEEE 对单精度浮点数运算的要求，而且还使用了适于进行通用计算而不是仅仅用于图形计算的指令集。此外，对于存储器也进行了特殊设计。这一切设计都让 CUDA 编程变得比较容易。目前，CUDA 架构除了可以使用 C 语言进行开发之外，还可以使用 FORTRAN、Python、C++等语言。CUDA 开发工具兼容传统的 C/C++编译器，GPU 代码和 CPU 的通用代码可以混合在一起使用。熟悉 C 语言等通用程序语言的开发者可以很容易地转向 CUDA 程序的开发。

4.2　基于 PC 集群的并行渲染

集群(Cluster)系统是互相连接的多个独立计算机的集合，这些计算机可以是单机或多处理器系统(PC、工作站或 SMP)，每个结点都有自己的存储器、I/O 设备和操作系统，如图 4-3 所示。机群对用户和应用来说是一个单一的系统，它可以提供低价高效的高性能环境和快速可靠的服务。随着 PC 系统上图形卡渲染能力的提高和千兆网络的出现，建立在通过高速网络连接的 PC 工作站集群上的并行渲染系统具有良好的性价比和更好的可扩展性，得到越来越广泛的应用。

该类虚拟现实系统存在一台或多台中心控制计算机(主控节点)，每个主控节点控制若干台工作节点(从节点)。由中心控制计算机根据负载平衡策略向不同的工作节点分发任务，同时控制计算机也要接收由各个工作节点产生的计算结果，综合为最终的计算，如图 4-4 所示。集群系统通过高速网络连接单机计算机，统一调度、协调处理，发挥整体计算能力，其成本大大低于传统的超级计算机。

图 4-3　PC 集群机

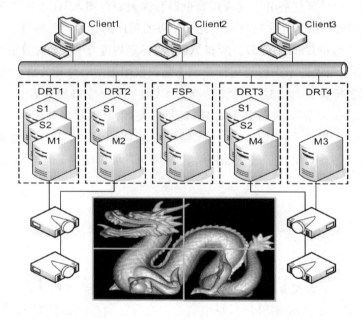

图 4-4　主控节点与从节点

4.3　基于网络计算的虚拟现实系统

　　基于网络计算的虚拟现实系统充分利用广域网络上的各种计算资源、数据资源、存储资源以及仪器设备等资源来构建大规模的虚拟环境,仿真网格是其中有代表性的工作之一。仿真网格是分布式仿真与网格计算技术相结合的产物,其目的是充分利用广域网络上的各种计算资源、数据资源、存储资源以及仪器设备等资源来构建大规模的虚拟环境、开展仿真应用。

4.3.1 分布式仿真与仿真网格

分布交互仿真技术已成功地应用于工业、农业、商业、教育、军事、交通、社会、经济、医学、生命、娱乐、生活服务等众多领域,正成为继理论研究和实验研究之后的第三类认识、改造客观世界的重要手段。该技术的发展已经历了 SIMNET（SIMulator NETwork），DIS 协议（Distribution Interactive Simulation），ALSP 协议（Aggregate Level Simulation Protocol）等 3 个阶段,目前已进入高层体系结构 HLA（High Level Architecture)研究阶段。HLA 技术的发展,得到了国际仿真界的普遍遵循,成为建模与仿真事实上的标准,并于 2000 年正式成为 IEEE 标准。HLA 定义了建模和仿真的一个通用技术框架,目的是解决仿真应用程序之间的可重用和互操作问题。HLA 把为实现特定仿真目标而组织到一起的仿真应用和支持软件总称为联盟（Federation),其中的成员称为联盟成员（Federate)或盟员,盟员之间通过 RTI（Run Time Infrastructure)进行通信,仿真联盟体系结构如图 4-5 所示。

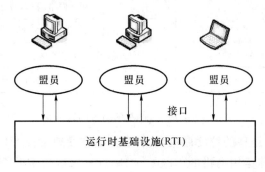

图 4-5　HLA 仿真联盟体系结构

基于 HLA,可以在广泛分布的大量结点上构建大规模的分布式仿真系统,重点应用领域包括军事指挥与训练等,其中尤以美军所进行的一系列大规模军事仿真为国际仿真界所瞩目。出现了诸如美国海军研究院的 NPSNET 和英国 Nottingham 大学的 AVI-ARY 这样的开发平台。在应用系统方面,美国先后完成了作战兵力战术训练系统 BFTTS(Battle Force Tactical Training System)和面向高级概念技术演示的战争综合演练场 STOW（Synthetic Theater of War)的研制,目前虚拟战场系统正朝着支持多兵种联合训练仿真方向发展。

随着基于 HLA/RTI 的分布交互仿真在国民经济建设、国防安全和文化教育等领域的广泛应用,在取得一定经济社会效益的同时,其本身也呈现出一些问题。在过去的几年里,能对不同管理域内的分布式资源进行有效管理的网格技术发展成为了研究热点,一些研究机构试图基于网格技术实现虚拟现实系统。网格技术也为基于虚拟现实的分布交互仿真注入了新的活力。许多学者正在探索在 HLA 仿真中结合网格技术,以解决目前 HLA 仿真中的一些不足。兰德公司（RAND Corporation)在 2003 年向 DMSO 提交的长达 173 页的报告中指出:美国国防部应当对目前的 HLA/RTI 进行多种功能的扩展,但是这种扩展不应局限于 HLA/RTI 的范围内做一些修修补补的工作,而更应当根据商业市场的发展趋势,比如 Web Services,重新调整 HLA/RTI 的方向。融合 Web Services 和网格计算技术的仿真网格成为建模与仿真领域的重要研究内容。

4.3.2　仿真网格应用模式

目前,由于基于 HLA 的分布式仿真在建模与仿真领域已取得了巨大成功,仿真网格应用模式的研究大多是将 HLA 与网格结合,以期望进一步增强 HLA 仿真系统的资源管理功能。网格的本质是服务,在网格中所有的资源都以服务的形式存在。HLA 与网格的结合就是分布式仿真系统中各种资源的服务化以及通信过程的服务化。作为欧洲 Cross-Grid 计划的一部分,Katarzyna Zajac 等将分布式仿真从 HLA 向网格的过渡从粒度上分为 3 个层次,分别称为 RTI 层迁移、联盟层迁移和盟员层迁移,如图 4-6 所示。

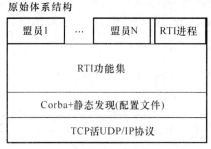

图 4-6　基于 HLA 的仿真的服务化

图 4-6 中,RTI 层迁移的粒度最粗,其初衷是更方便地发现 HLA 中的 RTI 控制进程 RTIExec。RTI 层迁移运用网格的 Registry Service 来解决 RTI 控制进程的发现,能够带来一定的灵活性和方便性。联盟层迁移则是在 RTIExec 信息通过网格服务发布后利用网格核心服务传输盟员数据,并扩展 Globus 的 GridFTP 和 Globus I/O 接口以与 RTI 进行通信。盟员层迁移的资源服务化程度最高,它采用网格技术实现 HLA 通信,RTI 库也被封装在 RTIExec 服务中。

Katarzyna 等 3 个层次迁移的设想给 HLA 与网格的结合提供了思路。然而,仅仅进行 RTI 层的迁移实际意义并不大。目前大量的相关工作可以分为两类:①利用网格技术对分布式仿真进行辅助支持;②借鉴 HLA 的某些思想,将包括盟员间通信过程的仿真资源网格服务化,来实现基于网格的分布式仿真。

（1）网格支持的分布式仿真

随着仿真规模和复杂性的增加,计算机仿真往往需要访问分布在各地的大量计算资源和数据资源。20 世纪 90 年代中期出现的基于 Web 的仿真致力于提供统一的协作建模环境、提高模型的分发效率和共享程度,缺乏动态资源管理能力,并且由于开发出的模型没有组件化和标准化,互操作和重用性也存在不同程度的问题。基于 HLA 的分布式仿真在技术层面上解决了互操作和重用性问题,而网格作为下一代基础设施,能对广域分布的计算资源、数据资源、存储资源甚至仪器设备进行统一的管理。因此许多学者尝试将二者进行结合,利用网格技术对分布式仿真进行辅助支持。

（a）SF Express 项目

在 DARPA(Defense Advanced Research Projects Agency)资助下,加利福尼亚学院进行了 SF Express 战争模拟,利用网格来改进其提出的 ModSAF 仿真。在该项目中,ModSAF 的每个进程可在不同的处理器上运行,Globus 通过资源管理和信息服务自动进行仿真初始化配置,加强了系统的灵活性,仿真规模也达到了 5 万以上个战斗实体。

然而,SF Express 仅仅是利用网格进行仿真前的计算资源的自动配置,在仿真过程中并不能共享资源。同时,SF Express 是基于 DIS 协议的,使用的是超级计算机,最大仅13 台并行计算机,而现代基于 HLA 的分布式仿真一般是数十乃至数百台 PC 主机,动态管理的复杂度大为增加,通讯的效率和可靠性、稳定性无法和超级计算机的共享内存方式相比,但分布式仿真可扩展性强,而且更切合军事仿真的发展需求,结合 Globus 的 SF Express 并没有得到持续发展和推广。

（b）负载管理系统 LMS

新加坡南洋科技大学的 Wentong Cai 教授等提出基于网格建立负载管理系统(Load Management System, LMS),为基于 HLA 的仿真提供负载均衡服务,如图 4-7 所示。

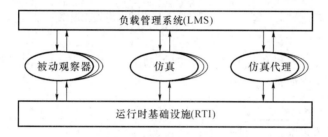

图 4-7　负载管理系统 LMS

图 4-7 中,LMS 利用网格进行仿真应用的负载管理,由 Globus 进行连接认证、资源发现和任务分配,RTI 仍然提供盟员之间的数据传输,其传输效率不受影响。然而,在普通的 HLA 分布式仿真应用中系统消耗的主要瓶颈在于消息数量大,而单个消息处理计算量小。因此,负载管理对仿真应用的作用需要在特定的仿真应用中才能体现出优势,需要在进一步的应用实践中进行研究。

（c）面向 HLA 仿真的网格管理系统

Katarzyna Zajac 等提出了面向 HLA 仿真的网格管理系统,为广域网上的 HLA 仿真提供辅助功能,如图 4-8 所示。

图 4-8 中,面向 HLA 仿真的网格管理系统主要是为盟员迁移而设计的,也包括仿真服务的发现、信息服务以及组建仿真联盟的工作流服务等。盟员跟 RTI 通过标准的 HLA 接口进行通信,为此需要开放预先定义的端口。

（2）网格服务化的分布式仿真

如上所述,一些学者利用网格来增强 HLA 标准的功能。也有一些学者致力于将 HLA 改造为模型驱动(Model-driven)、可组装的,甚至计划将整个仿真联盟完全网格服务化以取代 HLA,作为下一代建模与仿真的标准。

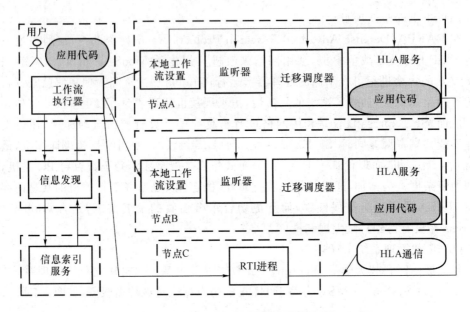

图 4-8　面向 HLA 仿真的网格管理系统

（a）HLAGrid

为了将 HLA 的互操作性和重用性规则应用于网格环境构建仿真联盟，Yong Xie 等提出了 HLAGrid 框架，如图 4-9 所示。

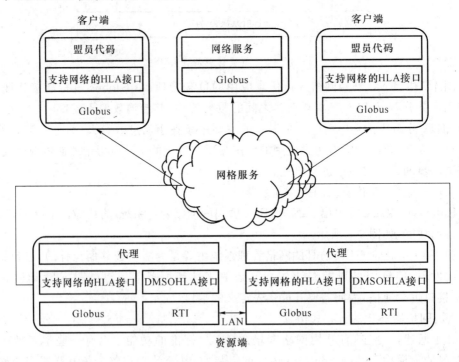

图 4-9　HLAGrid 体系结构

图 4-9 中，系统采用"盟员－代理－RTI"的体系结构，RTIExec 和 FedExec 在远程资

源上运行,本地运行的盟员通过支持网格的 HLA 接口将标准的 HLA 接口数据转换为网格调用,然后以网格调用的形式与远程的代理通信。HLAGrid 以网格服务数据单元的形式提供 RTI 服务的内部数据,其他网格服务能够以 pull 或 push 的方式对此进行访问,具有平台无关性。此外该框架还包括 RTI 的创建、联盟发现等服务。然而,HLAGrid 的网格服务调用通信比现有的 HLA 通信具有更大的开销,只能用于粗粒度的仿真应用。

(b) Web-Enabled RTI

Katherine L. Morse 等提出了 Web-Enabled RTI 体系结构。基于 Web 的盟员能通过基于 Web 的通信协议 SOAP (Simple Object Access Protocol)和 BEEP (Blocks Extensible Exchange Protocol)与 DMSO/SAIC RTI 进行通信。

Web-Enabled RTI 的短期目标是 HLA 盟员能通过 Web Services 与 RTI 进行通信,长期目标是盟员能在广域网上以 Web Services 的形式存在,并允许用户通过浏览器组建一个仿真联盟。基于 Web-Enabled RTI 已实现了联盟管理、对象管理、声明管理和所有权管理的所有 RTI 大使服务。

(c) IDSim

J. B. Fitzgibbons 等基于 OGSI 提出了 IDSim 分布交互仿真框架,如图 4-10 所示。

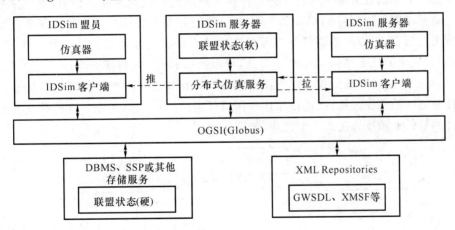

图 4-10　IDSim 软件体系结构

图 4-10 中,IDSim 使用 Globus 的网格服务数据单元表示仿真状态,由 IDSim 服务器负责数据分发,盟员作为客户端以 pull 或 push 的方式访问 IDSim 服务器获取或更新状态变化。IDSim 还通过支持继承、提供定制工具的方式减少仿真任务集成和部署的复杂性。由于 IDSim 服务器负责管理整个联盟的状态信息、提供所有仿真相关的服务,并且各个盟员之间也通过 IDSim 服务器进行交互,当仿真规模较大时,IDSim 服务器很可能成为系统瓶颈。

(d) 可扩展的建模与仿真架构

美国国防部对可扩展的建模与仿真架构(Extensible Modeling and Simulation Framework,XMSF)给予了大力支持。XMSF 的目标是建立一个基于 Web 技术和 Web Services 的新一代广域网建模与仿真标准。XMSF 提倡应用对象管理组织(Object Management Group,OMG)的模型驱动架构(Model Driven Architecture,MDA)技术来促进所开发的分布式组件的互操作性。MDA 方法保证了使用共同的方法描述组件并以一致的方法将不同组件进行组合。

4.3.3　网格调度算法

仿真网格中的一个关键问题是按照某种策略将一个仿真应用的各个任务合理地调度到网格计算结点上运行,以达到计算资源、网络资源优化配置的目的。调度算法是网格计算的热点研究内容之一,出现了大量网格任务调度算法,对仿真网格调度算法的设计可以提供有益的参考。总的来说,这些调度算法所关注的任务之间的关系可以表示为 3 种类型:有向无环图(Directed Acyclic Graph, DAG)、任务交互图(Task Interactive Graph, TIG)和独立任务。

DAG 图描述的任务之间有先序关系和交互关系,图中节点的权表示任务的处理时间或者计算量,边的权表示任务间的通信时间或者通信量,边的方向表示任务之间的先序关系。TIG 图是一种无向图,两个节点之间的边表示该两个节点对应的任务在执行时有通信关系,任务可以并发运行而不用关心任务之间的先序关系。一个应用分解为相互独立并且不能再分割的任务称为独立任务。在这 3 种类型的任务调度算法中,独立任务调度算法是最基本的,许多面向 DAG 和 TIG 表示的任务的调度算法是在独立任务调度算法的基础上进行改进,以便处理任务之间的先序关系或者交互关系。比如通过对 DAG 图分层,同一层中的任务之间没有先序关系,可以并行执行;再如基于遗传算法的 DAG 任务调度,与基于遗传算法的独立任务调度的主要区别在于对染色体编码时扩展基因片以反映任务之间的先序关系,在遗传操作时保持任务之间的先序关系。这些独立任务调度算法是网格任务调度算法的典型代表,如图 4-11 所示。

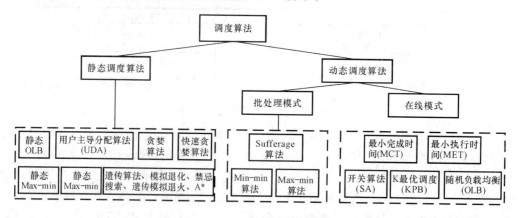

图 4-11　常见的网格任务调度算法

图 4-11 中,按照调度任务的方式,常见的网格任务的调度算法被分为两类:静态调度算法和动态调度算法。静态调度算法是指在任务执行之前组成该任务的所有子任务是已知的,调度策略也是确定的。动态调度算法则是在任务执行过程中有新任务到达,任务的调度策略也可能发生改变,比如自适应式任务调度方法会根据当前的资源状况和任务执行情况改变任务调度器的参数。动态调度算法又可以进一步分为批处理任务调度(Batch mode)和在线任务调度(On-line mode)。在线任务调度是指任务一到达调度器就将其调度到某台机器上运行。批处理任务调度是指任务到来并不立即调度到机器,而是把任务收集起来组成一个任务集合,只有当预先定义的在特定时刻发生的调度事件到达时才对任务集合中的任务一起进行调度。因此,批处理任务调度下的任务集合中包括在最后一个调度事件之后新到达的任务和在前期调度事件时已经调度但还没有开始执行的任务。下面对图 4-11 中列出的调度算法作简单介绍。

（1）在线动态任务调度算法

动态随机负载均衡算法(Opportunistic Load Balancing,OLB)把一个任务随机分配给下一个可使用的机器,而不考虑任务在该机器上的期待执行时间。该算法的目的是要尽量使所有的机器处于工作状态。

最小执行时间调度算法(Minimum Execution Time,MET)将一个到达的任务分配给具有最小执行时间的机器,而不考虑该机器的可用性。MET 的目标是把每一个任务分配给对其而言是最好的机器,即具有最小期待执行时间的机器,可能导致机器之间严重的负载不均衡。

最小完成时间调度算法(Minimum Completion Time,MCT)将一个到达的任务分配给对于该任务而言具有最早完成时间的机器。该方法并不能够保证将一个任务分配给对于该任务而言具有最小执行时间的机器上运行,但其结合了 OLB 算法和 MET 算法的优点,避免了 OLB 算法和 MET 算法中很差的调度结果的出现。

开关调度算法(Switching Algorithm,SA)考虑到 MCT 算法的任务调度结果是使整个系统尽可能的达到负载均衡,而 MET 算法在系统内的机器之间的性能差异比较大时会使系统负载严重不均衡,因此结合 MCT 算法和 MET 算法的优缺点,在任务调度过程中设置两个阈值 α_1 和 α_2,满足 $\alpha_1 < \alpha_2$,SA 算法首先使用 MCT 算法调度任务,直到系统的负载均衡指标值增加到 α_2,然后使用 MET 算法调度任务,当系统的负载均衡指标值减少到 α_1 时,再使用 MCT 算法调度任务,如此循环,直到所有的任务都被调度。

k 最优调度算法(k-precent best,KPB):对于一个由 m 个计算结点组成的网格系统,当一个任务到达调度器时,k 最优任务调度算法从 m 个计算结点中选择 $k \times m(1/m \leqslant k \leqslant 1)$ 个对于该任务而言具有最小执行时间的计算结点组成一个计算结点子集合,然后将该任务调度到该计算结点子集合中具有最小完成时间的机器上运行。如果 $k = 1/m$,则该算法退化为 MET 算法。如果 $k = 1$,则该算法退化为 MCT 算法。

（2）批处理动态任务调度算法

批处理任务调度算法一次处理一个任务集合,只有当一个调度事件发生时(比如达到预先定义的两次调度事件的时间间隔,或者任务集合中的任务数量达到预先定义的数目)才开始对该任务集合中的任务进行调度。

Min-min 调度算法的思想是尽可能把每一个任务分配给最早可用且执行最快的机器,为此:①Min-min 算法为任务集合中的每个等待分配的任务 i 计算将该任务分别分配到 m 个计算结点上运行时的最小完成时间(MCT);②设任务 i 在第 j 个计算结点上的 MCT 最小,记为 $\text{MCT}(i,j)$,则对于由 t 个任务组成的任务集合,可以得到一个由各个任务的最小 MCT 组成的包含 t 个元素的集合 $A = \{\text{MCT}(i,j) \mid i = 1,2,\cdots,t\}$;③从集合

A 中选择最小的元素 MCT (i',j')，将任务 i' 分配到计算结点 j' 上运行；④从任务集合中移除任务 i'；⑤重复上述 4 个过程，直到任务集合中的所有任务调度完毕。Min-min 算法是基于最小完成时间（MCT）的。但 Min-min 算法在每一次映射中考虑的是全部未分配的任务，而 MCT 算法在一次映射中只是考虑一个任务。

Max-min 调度算法与 Min-min 调度算法的工作原理类似，不同之处在于 Min-min 算法选择具有最小 MCT 的任务，即从集合 A 中选择最小的元素 a，而 Max-min 算法选择具有最大 MCT 的任务，即从集合 A 中选择最大的元素 a，分配到相应的计算结点上运行。

Sufferage 调度算法为了完成由 t 个任务组成的任务集合 T 的调度过程，需进行若干次循环调度操作。在第 k 次循环调度操作中对由尚未成功调度的任务组成的集合 T_k 进行处理，处理过程为：①计算任务集合 T_k 中各任务的最小完成时间，设任务 $i(i \in T_k)$ 在第 j 个计算结点上的 MCT 最小，记为 MCT (i,j)；②如果 T_k 中不存在别的任务在计算结点 j 上取得最小 MCT，则将任务 i 调度到计算结点 j 上，如果 T_k 存在多个任务在计算结点 j 上取得最小 MCT，即这些任务共同竞争计算结点 j，则从竞争任务中选择一个具有最大 Sufferage 值的任务并调度到计算结点 j 上运行，竞争失败的任务组成集合 T_{k+1}，由第 $k+1$ 次循环调度操作处理。任务 i 的 Sufferage 值定义方法如下：找出使任务 i 具有最小完成时间 MCT (i,j) 的机器 j 和次小完成时间 MCT (i,p) 的机器 p，任务 i 的 sufferage 值为 $\mathrm{sufferage}_i = \mathrm{MCT}(i,p) - \mathrm{MCT}(i,j)$。重复上述循环调度操作，直到任务集合中的所有任务调度完毕。

（3）静态调度算法

静态随机负载均衡算法（Opportunistic Load Balancing，OLB）随机把一个任务分配给下一个可使用的机器。与动态 OLB 算法的不同之处在于：静态 OLB 算法以任务次序调度任务，动态 OLB 算法以任务到达的时间次序调度任务。

用户导向的分配算法（User-Directed Assignment，UDA）以任意顺序把每一个任务分配给具有最小期待执行时间的机器，即将任务分配给对于该任务而言性能最好的机器上运行。该算法与 MET 算法类似，不同之处仅仅在于 MET 以任务到达的时间次序调度任务。

快速贪婪算法（Fast Greedy）以任意的顺序把每一个任务分配给具有最小期待完成时间的机器。该算法与 MCT 算法类似，不同之处仅仅在于 MCT 以任务到达的时间次序调度任务。

静态 Min-min 调度算法与动态 Min-min 调度算法类似，不同之处仅仅在于静态 Min-min 调度算法的任务集合包含了系统中的所有任务。静态调度算法的一个前提是在调度前系统中所有的任务都是已知的。

静态 Max-min 调度算法与动态 Max-min 调度算法类似，不同之处仅仅在于静态 Man-min 调度算法的任务集合包含了系统中的所有任务。

贪婪算法（Greedy）对一个任务调度问题分别使用 Min-min 算法与 Max-min 算法同时执行，然后进行比较，使用结果较好的解决方案。

基于遗传算法（Genetic Algorithm，GA）的调度算法：遗传算法是一种用于搜索大的解空间的技术,在许多工程领域得到了广泛的应用。在网格调度算法的研究中,遗传算法的关键问题是根据调度问题的特征确定合适的目标函数以构造适应度函数,设计合适的染色体编码/解码方法。

模拟退火算法(Simulated Annealing,SA)是一种迭代技术,每次迭代仅考虑一个可行调度方案,该可行调度方案采用与遗传算法中的染色体相同的表示方式。为了对解空间进行较好的搜索,SA 算法可能会接受一个较差的调度方案。接受较差调度方案的可能性与系统温度有关。系统温度随着迭代次数的增加而减少,随着系统温度的降低,较差的解被接受的概率会越来越小。

遗传模拟退火算法(Genetic Simulated Annealing,GSA)是 GA 算法和 SA 算法的结合。总的来说,GSA 算法与 GA 算法有着相似的执行步骤,只是在"选择"过程中,GSA 算法采用了 SA 算法的冷却和系统温度的概念。

禁忌搜索算法(Tabu)是一个解空间搜索算法,方法是使用一个 Tabu 列表保存已经搜索过的解空间范围的路径,其目的是为了避免重复那些范围里的搜索路径。在禁忌搜索算法中,调度方案也用 GA 算法中的染色体表示。

A^* 算法是一种基于树的搜索方法。以空解的根节点开始,随着树的生长,中间节点表示局部调度方案,即一个任务子集调度到计算结点;叶结点表示整个调度方案,即所有的任务最终都被调度到计算结点。

4.3.4 仿真网格负载均衡

仿真网格中计算结点的负载可以从两个层面进行管理。一方面,在仿真初始化阶段,应该合理地将各个仿真任务分配到网格中的计算结点,避免出现过载的情况而影响仿真的正常推进,这是仿真网格调度算法所关注的问题,前面已经对网格调度算法进行了介绍。在基于网格的大规模分布式仿真中,涉及大量计算资源,仿真运行可能也要持续较长时间。由于不同结点上运行的盟员的不确定性和不可预见性,结点负载会产生较大的变化,同时由于人为因素或者故障,结点资源的可用性也无法保障。因此,有必要实现分布式结点之间的负载均衡,以提高资源利用率,保证当某个计算结点负载过重或者不可用时使仿真推进能继续进行。负载均衡的常用方法包括调度新加入的盟员到负载较轻的结点上运行和迁移重负载结点上正在运行的盟员到轻负载结点上继续运行。为新加入盟员或者迁出盟员选择合适的目标结点是负载均衡的一个重要方面,一般运用网格提供的任务调度器来实现,也有的系统根据自身的特点开发调度器,如 CrossGrid 生物医学应用的 Broker Service 调度器。盟员迁移可在一定程度上弥补 HLA 中计算资源和数据资源的紧耦合的缺陷,许多学者提出了各自的盟员迁移方法。

迁移盟员最基本的方法是利用 HLA 的标准接口 Federation Save 和 Federation Restore。在盟员迁移开始前,先利用 Federation Save 保存全联盟盟员的状态和 RTI 的状态。当迁移盟员退出联盟并在目标结点上重新加入联盟后,使用 Federation Restore 恢复联盟。该方法使用标准的 HLA 接口,简便易行。但是,每个盟员迁移都要全联盟范围内的盟员暂停,开销较大。

Katarzyna Zajac 等利用 Federation Save 和 Federation Restore 保存整个 HLA 的内

部数据,并开发了 Migration Library (ML)支持用户数据的保存,保存后的用户数据则通过 Globus 的 GridFTP 服务进行传输。

广义上讲,对等计算(Peer-to-Peer Computing)是网格计算的一种形式。Eklof M 等在基于 JXTA 平台的对等网络计算环境下对盟员迁移进行了研究。整个联盟运用一个 HLA Manager 盟员控制盟员的迁移,盟员的状态以 ASCII 文件的形式保存。由于 HLA Manager 盟员仅支持保守时间管理策略,该方法要求联盟中的所有盟员必须既是时间受限的又是时间控制的,应用范围具有一定的局限性。

2001 年,Luthi, J. 等在网络工作站(Network of Workstations,NOW)上实现了资源共享系统(Resource Sharing System,RSS),通过迁移盟员的方法平衡各工作站上的负载,如图 4-12 所示。

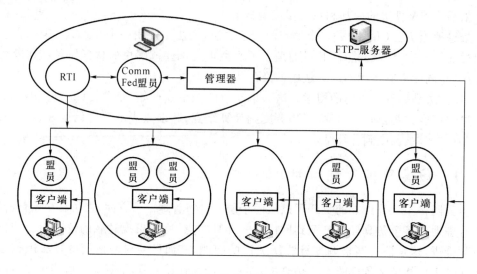

图 4-12 RSS 系统示意图

图 4-12 中,RSS 系统由一个 Manager 管理迁移,为了尽量减少对 HLA 盟员的改动,引入了一个 CommFed 盟员作为 HLA 盟员与 Manager 之间通信代理。Client 可以控制该工作站加入或者退出仿真系统,第三方的 FTP 服务器用来传输迁移盟员的状态数据。RSS 系统虽然是在 NOW 上实现的盟员的迁移,但是对基于网格的分布交互仿真盟员迁移具有重要参考价值。RSS 的一个不足之处是用第三方的 FTP 服务器传输迁移数据,开销较大。

Wentong Cai 等在 LMS 上实现了网格范围内的盟员迁移。其思路是在每个盟员中集成一个 LMSHandler 负责盟员的暂停和保存,将盟员状态保存在一个中间文件中并利用 Globus 提供的 FTP 服务将其上传至第三方 FTP 服务器,目标结点从 FTP 服务器下载状态信息后从暂停处恢复迁移盟员的执行。由于该方法使用了 FTP 服务器来中转状态文件,带来较大的时间开销。

为了避免盟员迁移时全联盟状态信息的保存和第三方 FTP 服务器中转状态文件带来的开销,Wentong Cai 等对基于 LMS 的盟员迁移进行了研究,在每个盟员上集成消息计数器,迁移盟在退出联盟前将其消息计数器跟与之有交互的盟员的消息计数器相比较以确定是否会发生消息丢失,同时将迁移盟员在目标结点重启,加入联盟的过程与该盟员的仿真运行过程相重合以缩短迁移时间,而状态信息以点对点的方式在源结点与目标结点之间传输。该方法迁移盟员对非迁移盟员是透明的,不需要全联盟的保存,也不需要第三方 FTP 服务器的支持,然而盟员需要进行一定的修改,重用已有的 HLA 盟员存在问题。

4.3.5　任务分配问题

网格是在现有的网络传输基础设施之上建立信息处理基础设施,将分散在网络上的各种设备和各种信息以合理的方式"粘合"起来,形成高度集成的有机整体,向普通用户提供强大的计算能力、存储能力、设备访问能力及前所未有的信息融合和共享能力。在基于网格的分布式仿真中,涉及大量的计算结点、存储结点、专用仿真设备。这些计算结点包括高性能工作站、个人 PC 等不同性能的机器,机器本身也具有不同的体系结构,如MIMD、SIMD、向量处理机等;不同的任务在这些异构机器上运行的效率不同,若异构应用程序分解后的任务与异构系统的执行模式能够进行有效匹配,则执行速度有可能达到超线性速度。此外,网格结点之间的网络连接也是异构的,既包括广域网络又包括局域网络,在通信延迟和网络带宽方面差异较大。基于网格的分布式仿真中,仿真任务之间存在大量交互,网络的异构性必然对仿真应用的运行效率具有重要影响。因此,将仿真应用的各个仿真任务分配到合适的计算结点上运行,以减少仿真任务之间的消息通信时延,是顺利实现仿真目标的关键问题之一。在仿真任务的分配过程中,需要根据仿真任务的不同特点,将不同的仿真任务调度到网格中的计算结点上运行,使仿真任务与异构计算结点合理匹配组合。在满足仿真应用要求的同时,优化计算资源、网络资源配置。

以往的仿真任务分配是通过静态负载规划完成的,其实现方法是通过制定合理的运行配置、仿真脚本和系统总控调度方案,通过总控调度系统按照该配置部署仿真应用并控制应用的运行。在进行静态负载规划时,首先要获取某种配置下的联盟运行过程负载情况。由于随着仿真过程的推进,各结点、各成员产生的负载情况是变化的,因此只能按照一定的间隔对负载情况进行采样并记录下来,结合仿真系统的设计,对超过限定负载范围的计算结点及其时间范围进行分析,以确定是结点的哪个成员、成员的哪些模型造成了过载,然后综合所有过载情况,通过上述的成员、成员模型类型和成员模型实例数量 3 种方法来统筹制定一个新的负载分配方案,并通过制定新的脚本、运行规划和总控调度配置文件来实施。

静态负载规划实际上是在获取了整个过程所有结点的负载情况后,由管理人员分析并通过辅助工具的支持来确定负载分配方案,然后通过脚本生成工具、运行规划工具和总控调度工具来实施的,由于不需要实时决策,因此并不强调方案制作的实时性和自动化程度。当仿真系统的规模较小时,仿真设计者可以根据自己的经验,采用试探性的分配方法。但在分布式仿真中,需要为大量仿真任务指定其计算结点,这时就必须有一定的理论做指导。

广义上讲,仿真任务的分配问题是网格资源管理的一个子问题。网格环境使用一个资源管理系统来管理异构的机器、网络、数据库、设备等资源。在网格资源管理系统中的一个重要问题是设计调度器(Scheduler),以便对任务分配作出合理决策。调度器一般是针对某一特定的网格应用领域,建立相应的目标函数,然后优化目标函数来作出映射决策。这些目标函数一般表示为用户期望网格提供的服务质量的属性集合的形式,如最大化吞吐量或者最小化执行时间。服务质量是用户对网格提供的服务的满意程度,有的服务质量可能只有一个属性,如任务的执行时间,这时调度器对目标函数的优化是一个单目标优化问题。有的服务质量有多个属性,如交互密集型应用的交互实时性、网络带宽占用等,这时调度器的目标函数是一个多目标优化问题。对当前网格调度器所追求的调度目标进行归纳,可以将其分为4类。

(a) 高吞吐量(Throughput)计算调度算法的评价标准一般为系统在单位时间内能够处理的服务请求数量;有的系统为了提高吞吐量,设计调度算法时以负载平衡(Load Balancing)为目标,均衡各结点的负载,充分发挥各个机器的计算能力。这时调度算法的评价标准可以为负载平衡率或其方差、空闲机器的比率、应用执行过程中的任务迁移次数或开销等;

(b) 高性能计算调度算法则更重视加速比(Speedup),即一个问题在单个处理器上的运行时间与该任务由 k 个相同处理器处理时运行时间的比值;响应时间(Response time),即用户提交请求与系统作出响应之间的时间差;往返时间(Turnaround time),即批处理任务提交与执行完成之间的时间差;

(c) 执行时间最小:这是一般的网格任务调度的评价标准,与高性能计算的加速比、响应时间、往返时间等标准类似,但是更着重于应用的总体执行效率。一个应用的各个任务之间存在优先关系时,各个任务的执行顺序有严格的限制,某些任务必须先执行完毕才能启动后继任务的执行。如果调度不当,可能会导致后继任务的等待时间过长,从而影响应用的执行效果。在这种情况下,以执行时间为调度目标尤为重要。

(d) 经济代价最小:有些研究认为网格的自治性、动态性、异构性,使得网格资源的提供者和使用者组成了一个小社会,价格理论以及实际实践产生的一系列价格策略已被证明是社会中资源管理的有效的、持久的方法,因此将经济机制引入到网格资源管理中,保证网格参与各方在进行资源共享时的合理利益,通过价格因素最终实现资源的有效配置。

以上各个调度目标之间不是孤立的,根据应用的不同特点和应用背景,有的网格任务调度同时考虑多个目标,比如在进行网格任务调度时不但考虑经济因素,而且以减少执行时间为目标。对这些调度目标进一步归并可以发现,前3类调度的评价标准都是"时间标准",即追求将任务尽快执行完毕或者尽早获得结果。

分布式仿真中的仿真任务分配可以看作是分布式计算调度算法在仿真领域的子问题,然而分布式仿真的任务之间存在不同程度的交互关系,仿真运行时间较长,往往达数小时或者数天,如"千年挑战2002"仿真的持续时间为两周。如果采用"时间标准"来评估仿真任务的分配效果不但不能反映分布式仿真中任务之间的交互特性,而且当仿真应用运行时间较长、两种运行方式的执行时间相差不大时,使用"时间标准"难以评估仿真的实际运行情况,"时间标准"也不适合于不同仿真应用运行性能之间的比较。

(1) 计算结点负载均衡

计算结点负载均衡意味着在各个计算结点上接收交互消息的进程被调度的等待时间

相近,有助于消除不同仿真任务的接收时延的差异。负载用于描述各计算结点的忙闲程度。影响计算结点负载的因素有很多,但是在评价一个计算结点的负载时应充分考虑仿真网格系统各计算结点的异构性特点。有的文献将负载定义为 CPU 计算能力、CPU 利用率、总内存容量以及当前已用内存数的线性组合,有的项目则同时考虑系统中的进程数目对负载进行定义。

目前,有 4 种评价计算结点负载均衡的目标函数,分别为绝对值代价(ABS)、均方差代价(SD)、离方差代价(DLV)和交叉熵代价(EN)。不妨设按照某个任务分配方案 S 将一个仿真应用的仿真任务分配完毕后,该仿真应用所使用的计算结点集合为 $K(K \subseteq P)$,计算结点 $p_i(p_i \in K)$ 的负载为 $L_c[i]$,则分配方案 S 对应的 4 种负载均衡代价分别为:

① 绝对值代价

$$ABS = \sum_{p_i, p_j \in K} |L_c[i] - L_c[j]| / 2 \tag{4-1}$$

② 均方差代价

$$SD = \sum_{p_j \in K} (\frac{1}{|K|} \sum_{p_i \in K} L_c[i] - L_c[j])^2 \tag{4-2}$$

其中,$|K|$ 表示集合 K 中元素的数目。

③ 离方差代价

$$DLV = L_{c,\max} - L_{c,\min} \tag{4-3}$$

其中

$$L_{c,\max} = \underset{p_i \in K}{Max}\{L_c[i]\} ; L_{c,\min} = \underset{p_i \in K}{Min}\{L_c[i]\}$$

④ 交叉熵代价

Kullback 提出了度量同一事件空间中的两个概率分布之间差异的交叉熵方法,并得到了广泛的应用。这两个分布之间越不相似,交叉熵就越大。概率分布 $G = (g_1, g_2, \cdots, g_n)$ 和 $H = (h_1, h_2, \cdots, h_n)$ 之间的交叉熵定义为:

$$D(G, H) = \sum_{i=1}^{n} g_i \log_{10}^{g_i/h_i} \tag{4-4}$$

其中

$$\sum_{i=1}^{n} g_i = 1, \sum_{i=1}^{n} h_i = 1 \tag{4-5}$$

式(4-5)保证了不等式 $\sum_{i=1}^{n} g_i \log_{10}^{g_i} \geqslant \sum_{i=1}^{n} g_i \log_{10}^{h_i}$ 的成立,从而有 $D(G, H) \geqslant 0$。其中当且仅当 $g_i = h_i (i = 1, 2, \cdots, n)$ 时等式成立。式(4-3)不具备距离测度的对称性,可以采用对称交叉熵描述有距离测度对称性要求的问题:$D(G:H) = \sum_{i=1}^{n} g_i \log_{10}^{g_i/h_i} + \sum_{i=1}^{n} h_i \log_{10}^{h_i/g_i}$。

对 $\forall i, p_i \in K$,令 $g_i = L_c[i] / \sum_{p_i \in K} L_c[i]$,$h_i = 1/|K|$,得到任务分配的交叉熵代价:

$$EN = \log_{10}^{|K|} + \sum_{p_i \in K} g_i \log_{10}^{g_i} \tag{4-6}$$

上述 4 种负载均衡代价越小,表示系统的负载越均衡,如果各个计算结点的计算负载是完全相同的,则 4 种代价的值皆为零。然而,这 4 种评价标准都只能反映系统所有计算结点负载均衡的整体情况,不能说明单个计算结点的负载情况。比如,对于有 3 个计算结点的仿真网格,当 $K = \{p_1, p_2, p_3\}$,$C_1 = C_2 = C_3$ 时,如果将结点过载定义为结点的计算负载超过某个阈值 $\ell(\ell = 50)$,在负载为 $(49, 46, 8)$ 和 $(56, 31, 6)$ 两种情形下,根据式(4-1)、式(4-2)、式(4-3)、式(4-4)分别计算任务分配的 4 种负载均衡代价值,如表 4-1 所示。

表 4-1　计算结点负载均衡评价指标示例

(p_1, p_2, p_3) 负载	绝对值代价	均方差代价	离方差代价	交叉熵代价
$(49, 46, 8)$	82	1 044.7	41	0.081 1
$(56, 31, 6)$	80	816.666 7	40	0.050 7

表 4-1 表明,代价较小时个别结点(这里为 p_1)反而会过载,因此即便某个分配方案的负载均衡代价是最小的,但仍有可能存在某个计算结点是过载的。系统中某个结点负载较轻是可以接受的,但是某个结点过载会影响整个仿真应用的成功运行。因此,仿真任务分配的过程中,在追求系统整体负载均衡的同时还应该保证每个计算结点都不过载。鉴于这 4 种负载均衡代价的主要区别在于对负载均衡程度的敏感性不同,因此可以结合简便直观的绝对值代价定义仿真任务分配的计算结点负载均衡目标函数如下:

$$\begin{cases} Min \sum_{p_i, p_j \in K} |L_c[i] - L_c[j]| / 2 \\ s.t. \quad L_c[i] \leqslant \ell, \forall p_i \in K \end{cases} \tag{4-7}$$

该目标函数的直观意义为在保证仿真网格中各个计算结点不过载的前提下,最小化任务分配的负载均衡代价。

(2)网络总流量

虽然负载均衡有助于消除不同仿真任务的接收时延的差异,但是仅仅以负载均衡目标函数作为仿真任务分配的目标函数不足以反映仿真应用的任务之间的交互特性。在仿真任务分配时如果不考虑带宽节省目标,仿真运行过程中产生的大量交互消息对稀缺的广域网络资源是一个严峻的挑战。网络上最重要的资源是链路带宽,几个输入数据流共享同一个输出链路。根据香农信息理论,任何一个带宽为 $B(Hz)$,信噪比为 S/N 的信道,其最大数据传输速率为 $C = B\log_2^{(1+S/N)}$。路由器的转发速率 R 必须小于或者等于信道容量 C。如果 $R > C$,则在理论上无差错传输就是不可能的。如果总的分组到达速率超过 R,多余的分组将在这个端口建立排队等待。如果没有足够的缓存空间存储,分组就会被丢弃。而分组排队时延的增加和丢包率的提高会直接影响仿真网格资源优化配置目标的实现。

在网络资源分配中,网络服务计费是一种常用的方法。目前计费定价策略主要包括不基于使用计费机制(Non-usage-based Pricing Mechanism,NBP)和基于使用计费机制(Usage-based Pricing Mechanism,UBP)两种模式。NBP 中价格不随用户对网络资源的使用情况而变化,是一种典型的平坦式服务定价法,如一次性支付费用、包月费用等。该定价方法简单、管理方便,但是不利于网络资源的有效利用。因此,利用价格杠杆调节用户网络资源需求的 UBP 定价方法受到了重视,其中拥塞定价法是典型代表。拥塞定价法的价格由固定连接成本和根据网络被使用时的状态所进行的动态定价两部分组成。动态定价价格亦称为拥塞价格。在网络传输状态未达到某一阈值时,拥塞价格被定义为一较低的数值,当超过该阈值时,所传输的每个数据包将根据网络的拥塞情况对网络传输数据包所经过的有关路径上资源的使用情况计算出相应的拥塞价格。因此,从仿真用户节省网络费用的角度出发,节省网络资源的占用、减少仿真应用的网络总流量也应该是仿真任务分配的一个目标。

节省网络资源的占用可以采用细节层次模型(Level of Detail, LOD)、DR 算法等方法。然而,这些方法是以牺牲仿真精度为代价的。在不降低仿真精度的前提下,可以基于局部性原理将交互关系强的仿真任务分配到同一计算结点上运行,减少通过广域网络传输的交互消息量。假设按某个任务分配方案 S 将任务分配到各个计算结点后,计算结点 p_i 的对外通信量增加 $L_n[i]$。一个应用的网络通信量可以用 $\sum_{\forall p_i} L_n[i]/2$ 表示,仿真任务分配的网络总流量减少目标函数可以表示如下:

$$\text{Min} \sum_{p_i \in K} L_n[i]/2 \tag{4-8}$$

上述目标函数意味着各个计算结点的对外通信量之和越小,仿真应用运行过程中的网络总流量就越小。

(3) 网络通信时延

基于网格的仿真应用尤其是大规模仿真应用中,参与仿真的实体越来越多,其地理分布也越来越广,成功构建此类仿真系统的关键在于运行支持系统能否提供实时的传送信息能力。目前仿真网格的优势主要体现在其强大的计算能力和资源管理能力,至于交互问题,则尚不能很好地解决。新加坡 Wentong Cai 教授等的研究结果表明,如果直接利用 Web Service 通信来代替 RTI 的通信方式,消息通信时延比较大,只能适用于粗粒度的仿真应用。因此,减小仿真运行中的消息通信时延对基于网格的分布式仿真至关重要。下面通过一个示例来说明仿真任务分配过程中考虑消息通信时延对分配方案的影响。

假设一个仿真应用由 4 个仿真任务组成,各个任务运行时需要的结点计算能力皆为 λ,任务之间的消息交互量皆为 $\hbar$。可供该仿真应用运行的仿真网格环境如图 4-13 所示。

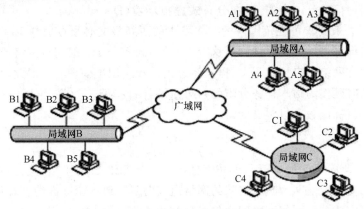

图 4-13 仿真任务分配仿真网格环境示例

图 4-13 中,仿真网格由 3 个局域网组成,局域网 A 跟局域网 B 的网络配置完全相同,各个计算结点的计算能力也都是相同的,每个计算结点可以而且仅能运行一个任务。按照主机结点的负载均衡标准和网络总流量减少标准进行任务分配,考察如下两种任务分配方案。

分配方案 1:将仿真应用的 4 个任务全部分配到局域网 A 中的 4 个结点 $A_i(1 \leqslant i \leqslant 4)$ 上,负载均衡代价和网络带宽节省代价分别记为 LB_1 和 $NetMess_1$;

分配方案 2:将仿真应用的两个任务分配到局域网 A 的两个结点 $A_i(1 \leqslant i \leqslant 2)$ 上,另外两个任务分配到局域网 B 的两个结点 $B_i(1 \leqslant i \leqslant 2)$ 上,负载均衡代价和网络带宽节省代价分别记为 LB_2 和 $NetMess_2$。

则有:

$$LB_1 = \sum_{\forall A_i, A_j, 1 \leqslant i,j \leqslant 4, i \neq j} |\lambda - \lambda|/2 = 0$$

$$NetMess_1 = \sum_{\forall A_i, 1 \leqslant i \leqslant 4} \hbar/2 = \hbar$$

$$LB_2 = (\sum_{\forall A_i, B_j, 1 \leqslant i,j \leqslant 2} |\lambda - \lambda| + \sum_{\forall A_i, A_j, 1 \leqslant i,j \leqslant 2, i \neq j} |\lambda - \lambda| + \sum_{\forall B_i, B_j, 1 \leqslant i,j \leqslant 2, i \neq j} |\lambda - \lambda|)/2 = 0$$

$$NetMess_2 = \sum_{\forall A_i, B_j, 1 \leqslant i,j \leqslant 2} \hbar/2 = \hbar$$

即:$LB_1 = LB_2$,$NetMess_1 = NetMess_2$。因此,仅仅从主机负载均衡和网络带宽节省评价指标无法确定分配方案 1 和分配方案 2 的优劣,这两个分配方案的效果是等价的。然而,通常情况下广域网络的消息通信时延比局域网络的消息通信时延大,因此分配方案 2 中运行在 A_i 和 $B_j(1 \leqslant i,j \leqslant 2)$ 上的任务之间的消息通信时延比分配方案 1 中运行在 $A_i(1 \leqslant i \leqslant 4)$ 上的任务之间的消息通信时延大,从减小仿真任务间消息通信时延的角度看,对于该仿真应用,分配方案 1 优于分配方案 2。

该示例说明,在进行仿真任务的分配时除了考虑主机结点的负载均衡和网络总流量减少目标外,考虑任务之间的消息通信时延有可能会获得更优的分配方案。如第 2 章所述,消息通信时延由消息处理时延和网络通信时延组成。消息处理时延与计算结点的负载以及接收进程接收到的消息数量有关,而网络通信时延可以通过如下思路解决:基于局部性原理将交互关系强的仿真实体分配到相互之间通信时延较小的计算结点上运行,减小消息的网络通信时延。事实上,在分布式虚拟环境(Distributed Virtual Environment,DVE)应用中,一般要求可视范围内的实体发出的更新报文必须在大约 100 ms 的时间内被人发现才能保证对人的实时性。而这 100 ms 中的 80 ms 一般花在网络传输上,其余时间则用于接收方网络接口接收报文,操作系统内核和应用层处理等。因此,可以将仿真任务之间的通信时延作为仿真任务分配的一个重要评价指标。为此,仿真任务分配的网络通信时延减小目标函数可以定义为:

$$\text{Min} \sum_{p_i, p_j \in K} d_{i,j} t_{i,j}/2 \qquad (4-9)$$

式中,$d_{i,j}$ 为在计算结点 p_i 上运行的仿真任务与在计算结点 p_j 上运行的仿真任务之间的交互消息通信量,$t_{i,j}$ 为 p_i 与 p_j 之间的网络通信时延。该评价标准的直观意义是将交互关系强的仿真实体分配到相互之间通信时延较小的计算结点上运行,减小网络通信时延,从而减小系统的平均消息传输时延。

（4）仿真任务分配模型的建立

假设任务分配模型由仿真网格资源空间、仿真应用属性空间、任务分配策略组成。分配策略特性包括：支持的资源空间、属性空间、目标函数、集中式控制还是分布式控制、动态还是静态策略，以及是否考虑任务复制、抢占、二次分配等特性。按照分布式仿真应用运行的特点，仿真任务分配模型基于如下 4 个假设。

假设 1：仿真网格资源监控系统已与网格信息服务集成，通过访问信息服务能够获取仿真网格中任意计算结点的计算能力、结点当前负载以及任意两个结点之间的网络通信时延。即仿真网格资源空间已经确定，计算结点的计算能力记作矩阵 $C = [c_i]_{1 \times p}$，计算结点当前负载记作矩阵 $E = [e_i]_{1 \times p}$，结点之间网络通信时延记作矩阵 $T = [t_{i,j}]_{p \times p}$。

假设 2：仿真应用的建模、任务分解工作已经完成，任意两个任务之间通过点对点的方式进行通信，不需要数据转发服务器；任务的计算资源消耗、任务间的通信量已知。即仿真应用属性空间已经确定，任务资源需求记作矩阵 $R = [r_i]_{1 \times f}$，任务之间消息交互量记作矩阵 $M = [m_{i,j}]_{f \times f}$。

假设 3：在分布式仿真应用的初始化部署阶段，一个计算结点上可以并行运行多个仿真任务，但是不允许任务复制和二次分配，也不允许等待执行，即不允许等待某个结点上运行的任务结束后才开始在该结点上运行下一个任务。

假设 4：仿真网格系统使用集中式的静态任务分配决策器，在仿真运行前的应用初始化部署阶段按照仿真网格资源优化配置目标求解仿真任务的优化分配方案，优化分配方案的求解过程没有实时性要求。

以上假设为仿真任务分配模型的建立和分配方案的求解提供了必要的信息支撑。

仿真任务分配的目标是减少基于网格的分布式仿真的网络总流量和平均消息传输时延。前面讨论了实现仿真任务分配目标应该考虑的评价标准。联立式(4-7)、式(4-8)和式(4-9)得到综合反映计算结点负载均衡、网络总流量减少和网络通信时延减少的任务分配模型，描述如下。

给定仿真网格资源空间和仿真应用属性空间，求解一个仿真任务分配方案 S，满足：

$$\begin{cases} \text{Min} & \{f_1(s), f_2(s), f_3(s)\} \\ s.t. & g_i(s) \leqslant 0, \forall p_i \in K \end{cases} \tag{4-10}$$

式中：

$$f_1(s) = \sum_{p_i, p_j \in K} |L_c[i] - L_c[j]| / 2$$

$$f_2(s) = \sum_{p_i \in K} L_n[i] / 2$$

$$f_3(s) = \sum_{p_i, p_j \in K} d_{i,j} t_{i,j} / 2$$

$$g_i(s) = L_c[i] - \ell, \forall p_i \in K$$

上述任务分配模型是一个具有多个约束条件的多目标规划问题，可以进行相应的求解。

第5章 基于内容的三维模型检索技术

随着虚拟现实技术的发展,生成了越来越多的三维模型。在网络上,大量的 3D 模型可供使用,有数以兆计的 3D 模型存在,而且每天都有大量的 3D 模型产生和传播。然而,建立精确、逼真的三维模型是一项比较费时费力的工作。为了简化建模过程,我们可以重用已有的相似模型进行建模,充分利用已有的 3D 模型数据资源,可以大大减轻设计新模型的工作量,同时也可以促进 3D 数据的流通和在各领域的应用。这需要对这些模型加以处理、分析和识别,以便有效地理解、利用,甚至重用这些模型,进一步提高生产力。随着三维模型的增多,我们在庞大的数据库查找所需模型将变得非常困难。因此,研究基于内容的三维模型检索技术(Content-based 3D Retrieval),帮助用户快速准确地获取符合设计意图的三维模型,实现资源重用,成为当前研究的热点。许多大学和研究机构都进行了基于形状的三维模型检索研究。比如,美国普林斯顿大学形状检索与分析(Shape Retrieval and Analysis Group)实验室、德国莱比锡大学 CGIP(Computer Graphics and Image Processing)实验室、美国卡耐基-梅隆大学 AMP(Advanced Multimedia Processing)实验室、荷兰 Utrecht 大学的 GIVE(Geometry,Imaging and Virtual Environment)实验室、IBM 日本东京研究院的"三维 Web 环境"研究项目等。在 ACM SIGGRAPH 国际会议上亦经常有相关论文发表。

同其他的多媒体数据检索技术类似,三维模型的检索方式主要分为基于文本的检索和基于内容的检索。基于文本的检索方式把模型作为数据库中存储的一个对象,用关键字或文本对模型进行描述,在模型的存储路径和模型的关键字之间建立联系。由于文本检索经过多年发展,且算法实现简单,该检索技术已经相当成熟。但是基于文本的检索存在一些问题。首先,三维模型具有的信息比较多,文本信息本身就无法全面表述三维模型的几何形状、拓扑结构、材质的颜色及纹理等信息;其次,需要人工进行标注,耗费大量的时间和精力;此外,对同一个模型不同的人进行标注的关键字会有差异,并且需要相关领域经验丰富的专业人员参与。由于注释信息会有一定的主观性和片面性,从而会影响检索结果的准确性。因此,文本检索方法不能很好地满足三维模型检索的要求。

三维模型检索比较可行的方法是利用三维模型本身所携带的信息进行检索,即基于内容的三维模型检索。基于内容的三维模型检索技术利用机器自动提取并计算三维模型的内在特征,如几何形状、拓扑关系、模型表面信息等,通过对待查询模型和目标模型特征之间的相似性匹配来自动建立特征检索索引,查找到具有指定特征或含有特定内容的三维数据,实现对三维模型数据库的浏览和检索。与文字描述相比,更能客观地表达模型自身的特征,也更贴近于人们在现实生活中靠直觉印象使用信息的方式,因此比基于文本的检索方法更有效,具有人工干预少、贴近直觉、检索准确率高的特点。基于内容的三维模型检索技术总体分为 3 类:(1)基于形状的技术,通过提取 3D 模型形状特征进行检索,如球面调和形状分布检索技术;(2)基于拓扑结构的技术,通过提取 3D 模型的拓扑结构特征进行检索,如 3D 骨架的提取技术;(3)基于图像比较的技术,将三维模型转化成二维图像,借助成熟的二维图像检索技术进行三维模型检索。

5.1　基于内容的三维模型检索总体框架

基于内容的三维模型检索算法的一般过程如下:首先采用某一算法对模型库中的所有模型进行特征提取,将三维模型的形状映射到特征空间,得到一组特征向量,并将模型的特征向量存入数据库;当输入待检索模型时,计算机自动提取该模型的特征向量,然后比较该特征向量与模型库中所有模型的特征向量,选择最匹配的前 N 个模型作为检索结果。三维模型检索的过程如图 5-1 所示,关键技术步骤包括模型坐标的标准化与预处理、特征提取与索引、相似性匹配以及检索界面。

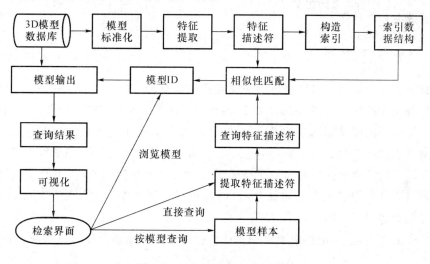

图 5-1　三维模型检索总体框架

5.2　模型的预处理

三维模型没有一个统一的标准,在三维模型获取和建模过程中,同一类模型有可能通过不同的方式得到,文件格式多样。在三维空间中,三维模型的尺寸可以具有任意大小,其位置、方向和角度也各不相同,自由度很高。而人类的认知系统对于具有不同缩放尺度,处于不同位置和方位的同类模型的识别是相同的。所以,为了保证三维模型检索效果,所提取的特征应该对于平移、旋转、镜像和缩放变换是不变的。

实现特征描述不变性的预处理方法主要分为两类,一类是找到三维模型的标准化坐标框架,然后在该坐标框架中进行特征提取,如通过主成分分析法(Principal Component Analysis,PCA)实现旋转不变性;另一类是直接提取与图像分析中使用的矩不变量作用相似的具有几何不变性的特征,但是这些特征所具有的不变性往往是不完全的,例如有的形状特征只对绕坐标轴范围内的旋转变换保持不变性,而且这类特征中的大多数,在提取时也需要在一个规范化的坐标系内计算。因此,三维模型的检索往往首先要对模型进行预处理,以便进一步进行特征提取。预处理要满足如下性质:(1)平移不变性,在平移变换前后三维模型的特征要保证不变;(2)旋转不变性,在旋转变换前后三维模型的特征要保证不变;(3)缩放不变性,在缩放变换前后三维模型的特征要保证不变。另外,需要对模型裂缝、插入三角面片、移去三角面片等噪声具有鲁棒性,在有噪声的情况下,三维模型的特征要保证相似;对重采样和简化具有鲁棒性,在重采样和简化变换前后,三维模型的特征要保证相似。这样,即使同一三维模型具有不同尺度、不同位置、方向、旋转角度和不同的细节层次(Level Of Detail,LOD),其表示方式仍旧是唯一的。模型坐标标准化的目的是对模型所处的不同的坐标系进行归一化处理,将所有待比较的三维模型变换至一个规范坐标系内,使得三维模型检索独立于其所采用的具体数据表示方式,提高特征提取和相似性匹配的效率和准确性。

5.2.1　平移不变性

平移不变性一般通过对模型进行平移变换来实现。平移变换的目的是使三维模型在空间中具有相同的相对位置,也就是将三维空间坐标系的原点移到一个固定点,通常情况下认为三维模型的密度是均匀的,取三维模型的质心或者几何中心作为该固定点。设模型的所有顶点的集合为 $P = \{p_1, p_2, \cdots, p_M\}$,其中 $p_i = (x_i, y_i, z_i) \in R^3, i = 1, 2, \cdots, M$ 是三维空间中的实数坐标。并假设所有模型是由三角面片构成的,如果模型中存在非三角面片则将其分割为若干个三角面片,目前存在很多用于模型面片的三角面片化工具。一个三维模型经过三角面片化后,所有三角面片记为 $T = \{t_1, t_2, \cdots, t_N\}$,三角面片表示为三个顶点的索引,索引值指向顶点的三维坐标值。每个三角面片的面积为 $S_i, i = 1, 2, \cdots, N$,则模型的表面积为 $S = \sum_{i=1}^{N} S_i$。模型表面网格面片经过细分处理后的三角面片 $t_i, i = 1, 2, \cdots, N$ 的中心坐标为 $P' = \{p'_1, p'_2, \cdots, p'_N\}$,其中 $p'_i = \{p'_{ix}, p'_{iy}, p'_{iz}\} \in R^3, i = 1, 2, \cdots, N$,$p'_{ix}$、$p'_{iy}$、$p'_{iz}$ 分别是三角面片 $t_i, i = 1, 2, \cdots, N$ 的 3 个顶点的 x、y、z 坐标的平均值。定义三维模型的质心 m_p 为 $m_p = \sum_{i=1}^{N} p'_i \times S_i / S$,所采用的平移变换为 $I_t = I - m_p = \{u \mid u = p_i - m_p\}, i = 1, 2, \cdots, M$,其中 I 为原始的三维模型,I_t 为平移后的三维模型。

5.2.2　缩放不变性

缩放不变性一般通过对模型进行缩放变换来实现。缩放变换的主要目的是把模型缩放到一个统一的尺寸下。可以采用模型质心到模型所有顶点中的最大距离作为尺度,坐标轴的原点移动到模型的质心以后,按照该距离作为标准对顶点坐标进行变换,实现模型的缩放。当然也可以采用能够反应模型"尺寸"的距离作为尺度,比如,通过把模型的每个点坐标乘以一个缩放系数 k 把模型缩放到一个统一的尺度下,即:$I_s = I_t \times k$,其中 I_s 为经过平移和缩放后的模型。缩放系数 k 通过如下公式求得:$k = \sqrt{\dfrac{(k_x^2 + k_y^2 + k_z^2)}{3}}$,其中 k_x、k_y 和 k_z 分别是模型表面顶点集合到 YOZ、XOZ 和 XOY 平面的平均距离。k_x 的计算方法为:$k_x = \dfrac{1}{S}\sum_{i=1}^{N} S_i d_i$,其中 d_i 表示三角面片 t_i 的中心点 $p'_i, i = 1, 2, \cdots, N$ 到 YOZ 平面的距离。k_y 和 k_z 的计算与 k_x 类似。

5.2.3 旋转不变性

从自然界获得的模型通常具有不同的角度,从不同的角度观察会得到不同的视觉效果,有必要对模型的角度进行统一。因为计算机很难确定模型到底处于何种角度,旋转变换是模型规范化过程中最复杂也最难解决的问题之一。目前常用的对模型进行旋转不变性处理方法有主成分分析法 PCA 和球面调和(Spherical Harmonics)方法。

主成分分析由卡尔·皮尔逊于 1901 年发明,是一种分析、简化数据集的技术。主成分分析经常用于减少数据集的维数,同时保持数据集中的对方差贡献最大的特征。这是通过保留低阶主成分,忽略高阶主成分做到的。这样低阶成分往往能够保留住数据的最重要方面。其方法主要是通过对协方差矩阵进行特征分解,以得出数据的主成分(即特征向量)与它们的权值(即特征值)。PCA 是最简单的以特征量分析多元统计分布的方法。其结果可以理解为对原数据中的方差做出解释:哪一个方向上的数据值对方差的影响最大?换而言之,PCA 提供了一种降低数据维度的有效办法,在分析复杂高维数据时尤为有用;如果分析者在原数据中除掉最小的特征值所对应的成分,那么所得的低维度数据是最优化的,也就是说,这样降低维度是失去信息最少的方法。

PCA 的数学定义为一个正交化线性变换,把数据变换到一个新的坐标系中,使得这一数据的任何投影的第一大方差在第一个坐标(称为第一主成分)上,第二大方差在第二个坐标(第二主成分)上,依次类推。基于 PCA 实现三维模型的选择不变性时,首先根据给定模型的点集计算三维模型的中心点 $o_p = E\{P\} = \dfrac{1}{M}\sum_{i=1}^{M} p_i$,然后根据如下公式构造三维模型顶点的协方差矩阵:

$$\boldsymbol{C}_p = [c_{ij}]_{M \times M} = E\Big\{(p - o_p)(p - o_p)^{\mathrm{T}}\Big\} = \frac{1}{M}\sum_{i=1}^{M}(p_i - o_p)(p_i - o_p)^{\mathrm{T}}$$

c_{ij} 是 p_i 和 p_j 的协方差,协方差矩阵 $\boldsymbol{C}_p$ 的特征值和特征向量构成了 $\mathbb{R}^M$ 空间的一个正交基底,特征值和特征向量是方程 $\boldsymbol{C}_p \boldsymbol{e}_i = \lambda_i \boldsymbol{e}_i (i = 1, \cdots, M)$ 的解。非负对称矩阵所有特征值都是非负实数。对矩阵 $\boldsymbol{C}_p$ 的特征值进行降序排列,对应的特征向量就是集合 P 的最大分布方向的正交基底,最大分布方向反应了原始数据的能量分布的最大方向。这样,以 o_p 为坐标原点,以降序排列的矩阵的特征值对应的特征向量为正交主方向,组成了该数据集合的 PCA 坐标系。取对称实矩阵 $\boldsymbol{C}_p$ 前 3 个最大的非负特征值 $\lambda_1 > \lambda_2 > \lambda_3$ 及其对应的特征向量 e_1、e_2 和 e_3。由于实对称矩阵的特征向量互相正交，以特征向量 e_1、e_2 和 e_3 便可以定义一个空间坐标系，称为三维模型的 PCA 坐标系。该 PCA 坐标系的物理意义是 e_1 代表三维模型在空间顶点最密集的方向，e_2 代表了过 o_p 点且与 e_1 垂直的平面上三维模型顶点最密集的方向，e_3 为 e_1 和 e_2 通过右手法则确定的方向。如果三维模型顶点分布状态固定，那么 PCA 坐标系与三维模型的相对位置也不会发生变化。对三维模型进行 PCA 处理的本质是旋转三维模型，使其 PCA 坐标系与空间坐标系重合，即空间坐标系的 x、y、z 轴分别与 e_1、e_2 和 e_3 位置重合。旋转矩阵即为 $\boldsymbol{R} = (e_1, e_2, e_3)$，满足 $\boldsymbol{R}^{-1} = \boldsymbol{R}^{\mathrm{T}}$，对三维模型的 PCA 处理可以通过对其上每个顶点 $p_i (i = 1, 2, \cdots, M)$ 进行如下变换实现：

$$I_r = R(I_s - o_p) + o_p = \{u \mid u = R(p_i - o_p) + o_p\}, i = 1, 2 \cdots, M$$

不难看出，三维模型的 PCA 处理变换 I_r 并不会改变三维模型的中心点位置。

综上所述，基于 PCA 的三维模型预处理标准化过程实质是对模型顶点坐标进行变换的过程，亦即运用几何变换 σ 对原始三维模型 I 进行变换：$\sigma(I) = R(k(I - m_p) - o_p) + o_p$。当然，为保证方位不变性，通常还需要处理三维模型镜像问题，将模型进行翻转变换，来确保互为镜面对称的三维模型在表示方式上的同一性。镜像问题可以用一个对角形式的反转矩阵来表示。

除了 PCA 方法之外，三维模型的球面调和表达也能实现旋转不变性。球面调和函数是球坐标下拉普拉斯方程的角度部分的解，球面调和表达即用调和函数来表示球函数。调和函数的每个频率的能量是旋转不变量，即对应每个固定频率的展开系数的模的平方和是旋转不变量，因此可以根据模型特点构造球函数，并利用球面调和函数对球函数进行分解，用各频率的展开系数来构造模型检索的特征。

5.3　特征提取方法

对三维模型的坐标标准化后，三维模型检索的下一步便是标准化坐标系内提取相应的特征。特征提取是提取最能反映不同 3D 模型差别的因素。通过一定的形状特征提取方法提取出模型在特征空间的特征向量也称为形状特征描述符。一个理想的形状特征向量必须满足：易于表达和计算；不占用太多的存储空间；适合进行相似性匹配；具有几何不变性，即对模型的平移、旋转、缩放等具有不变性；具有拓扑不变性，即当相同模型有多个拓扑表示时，同时它也应是稳定的，对模型的绝大多数处理，如子分、模型简化、噪声增减、变形等是鲁棒的；特征向量必须具有唯一性，即不同类型的模型对应的特征表示应该不相同。

5.3.1　三维统计特征

（1）三维几何矩

用 $f(x, y, z) \in \mathbb{R}^3$ 表示模型的连续几何分布函数，$n = i + j + k$ 阶的连续矩 $\boldsymbol{\mu}_{i,j,k}$ 的定义为：

$$\boldsymbol{\mu}_{i,j,k} = \int_{-\infty}^{+\infty}\int_{-\infty}^{+\infty}\int_{-\infty}^{+\infty} f(x,y,z)x^i y^j z^k \mathrm{d}x\mathrm{d}y\mathrm{d}z$$

如果对三维模型进行离散化,得到一个三维空间点集 P 作为它的近似表达,那么,三维几何矩(3D Geometric Moments)计算公式为 $\boldsymbol{\mu}_{i,j,k} = \sum_{p=1}^{M} x_p^i y_p^j z_p^k$。

理论分析证明,几何矩的完备集(无穷集)能唯一地确定一个模型,反之亦然。先对模型进行 PCA 预处理,然后再计算几何矩,作为用于检索的特征向量。以欧氏距离确定相似度,这种方法直观、简单、易于实现。

需要说明的是,用来计算三维几何矩的点集 P 并不要求必须是三维模型的顶点,点集 P 可以是模型表面面片的质心,也可以是对模型表面重新采样得到的点集,如基于射线的方法在模型表面统一采样得到点集 P。

(2) 形分布

Osada 等根据不同几何形体表面顶点间的相互关系呈现出不同的分布特征,试图将一个任意的、可能退化的三维模型中复杂的特征提取转换成相对简单的形状概率分布问题,提出了形分布(Shape Distribution)方法,该方法将三维模型形状转化成为一个表达模型几何性质的形函数的采样概率分布。算法计算称为形分布的概率直方图,并通过计算两个分布间的距离来计算两个模型的相似度。作者在文献中列举了 5 种形函数,如图 5-2 所示。

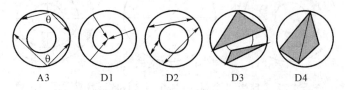

图 5-2　形分布的 5 种形状函数

在图 5-2 中,A3 表示模型上任意 3 个随机点之间的夹角;D1 表示一个固定点到模型表面上任意随机点之间的距离,文中使用质心作为固定点;D2 表示模型表面上任意两个随机点之间的距离;D3 表示模型表面上任意 3 个随机点之间的三角形面积的平方根;D4 表示模型表面上任意 4 个随机点之间构成的四面体的体积的三次方根。实验结果显示 D2 形函数对模型的描述能力优于其他几个形函数。图 5-3 给出了直线段、圆、三角形、立方体等一些典型形状的 D2 形函数的形分布曲线。

5.3.2　基于体积的特征

(1) 形状直方图

形状直方图直接对 3D 模型进行某种切分,然后统计每个切分单元中点的个数占模型所有点个数的比例,构成形状直方图。Ankerst 等将三维模型采样称为点云,构造点云分布的统计直方图(Shape Histograms)来研究相似度检索。首先统计三维模型点分布的直方图,将包围三维模型的空间分割成不同的区域,统计落在区域中的三维模型点的数量,形成统计直方图,然后进行三维模型检索,如图 5-4 所示。

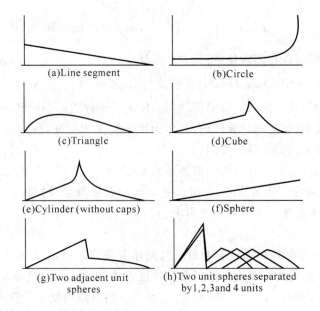

图 5-3　典型形状的 D2 形分布曲线

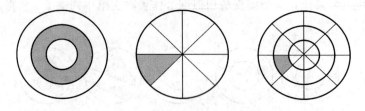

图 5-4　3 个球壳、8 个扇区、24 个组合块的形状直方图的区域

文中使用的分解区域有：(a)球壳区域(Shell)，将三维模型分解成为以质心为球心的同心球壳；(b)扇形区域(Sector)，将三维模型分解成为以质心到包围正多边形的顶点射线为边界的相等的扇形区域；(c)组合区域则是使用了球壳区域和扇性区域的交集作为分解区域。其中球壳区域是旋转不变的，而扇形区域和组合区域需要 PCA 预处理。在进行相似度计算的时候，使用了二次型距离函数作为距离度量，这样可以反映出统计直方图不同的值之间的相似度的关联作用。在分子分类中的实验表明高维的扇形区域直方图(122维)和组合区域直方图(240 维)具有较高的检索能力。

（2）旋转不变的点云特征

基本思想是将外包三维模型的立方体切分成 $N \times N \times N$ 个单元格，并将所有单元格分类，分类的方法是围绕 X、Y、Z 轴旋转 $90°$ 后，能彼此重叠在一起的单元分为一类，N 不同则类的个数也不一样。计算每类单元中三维模型的顶点数，然后除以三维模型总的顶点数，构成三维模型的特征向量。这种方法同形状直方图方法的基本思想是一样的，都是求点的分布情况，但是实现方法不同。Suzuki 等构造了一种旋转不变的点云特征(Rotation Invariant Point Cloud Descriptor)。他们使用 PCA 将三维模型变换到规范坐标系，再将它进行缩放变换，使得三维模型落在一个单位立方体内。然后将单位立方体分割成

$7\times7\times7$ 的等尺度的体素单元,确定三维模型在对应的体素单元的值。这 343 个体素单元按所在的位置分成等价类。如图 5-5 所示,当绕着坐标轴旋转 $90°$ 的时候,等价的体素相互重合。记录每个等价类的值,得到一个 21 维的特征。文中的实验表明,$7\times7\times7$ 的分割具有最好的检索效果。

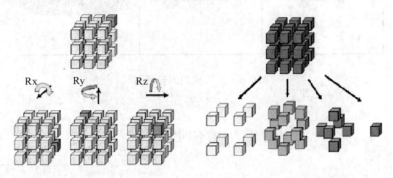

图 5-5 等价类集合

5.3.3 频域空间特征

数字信号处理中,常常将信号从空域空间转换到频域空间进行处理。同样,在 3D 模型检索技术中也可以将 3D 模型转换到频域空间,在频域空间提取特征进行检索。频率空间检索技术有傅里叶变换、球面调和分析和小波变换。

三维傅里叶变换将三维模型分解成不同的频率表示,然后利用其中一些频率系数作为三维模型特征。一般首先对三维模型进行规范化和体素化处理,然后对体素单元进行离散的傅立叶变换。傅里叶变换检索技术具有准确率高的优点,但是计算速度较慢。小波变换同样也可以用于描述三维模型的特征,先对三维模型进行 PCA 和体素化处理,然后再在 3 个轴向上进行小波变换,得到小波系数。

5.3.4 基于视图的特征

基于内容的图像检索技术的研究比较成熟,研究人员已经提出了许多较好的图像检索技术。3D 模型检索技术的另外一种思路是将 3D 模型转化成 2D 图像,借助成熟的 2D 图像检索技术进行 3D 模型检索。严格来讲,从检索技术使用的特征来看,基于图像比较的检索技术可以归入到基于形状的检索技术中。Heczko 等使用三维模型的 3 个主方向上的轮廓图构造了轮廓特征。首先使用 PCA 和缩放变换将三维模型规范化到单位立方体中;然后,将三维模型平行投影到 3 个主平面上,得到 3 个轮廓,如图 5-6 所示。对每个轮廓进行采样,从轮廓图的中心向轮廓等角距发射射线,计算到轮廓的距离作为采样值,然后进行傅立叶变换。由于有 PCA 预处理,这种特征是平移、旋转和缩放不变的。

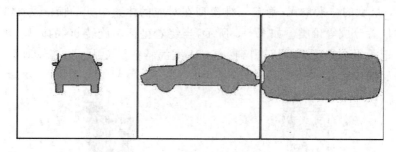

图 5-6　三维模型的轮廓图

5.4　相似性匹配

通过特征提取,相似的三维模型可以表示为在特征向量空间中相近的一组特征向量。相似的三维模型在对应的特征向量空间中具有相近的距离,而不相似的三维模型之间的距离足够大。相似性匹配算法的目的就是在多维特征空间中,计算三维模型与三维模型库中的所有模型之间的空间距离,或通过构建特定的分类器,得出模型之间在内容上的相似程度,并按相似程度大小返回检索结果,从而实现基于形状的检索。目前,在基于形状的三维模型检索研究中,主要有以下两类相似性匹配方法。

5.4.1　距离度量法

常用于三维模型检索领域的主要有 Euclidean 距离、Manhattan 距离、马氏距离、Minkowski 距离以及 Hausdorff 距离等。设三维模型的特征空间为 $\Theta = \mathbb{R}^n$,任意两个三维模型的特征向量表示分别为 $\boldsymbol{X} = (x_1, x_2, \cdots, x_n)$ 和 $\boldsymbol{Y} = (y_1, y_2, \cdots, y_n)$,上述常用的经典的距离公式分别如下。

（1）Euclidean 距离

Euclidean 距离公式表示为:

$$D(\boldsymbol{X}, \boldsymbol{Y}) = \sqrt{\sum_{i=1}^{n} (x_i - y_i)^2}$$

为了方便在检索过程中根据用户相关反馈的情况对特征向量中突出特征进行强化调整,可以为每个特征赋予不同的权值,得到加权 Euclidean 距离公式:

$$D(\boldsymbol{X}, \boldsymbol{Y}) = \sqrt{\sum_{i=1}^{n} \omega_i (x_i - y_i)^2}$$

其中 ω_i 为不同特征的权值。

（2）Manhattan 距离

Manhattan 距离公式表示为:

$$D(\boldsymbol{X}, \boldsymbol{Y}) = \sqrt{\sum_{i=1}^{n} |x_i - y_i|}$$

（3）Hausdorff 距离

Hausdorff 距离通常用来比较不同大小的两个点集之间的相似性，其定义为：

$$D(\boldsymbol{X},\boldsymbol{Y}) = \min_{1\leqslant i\leqslant n}\ \min_{1\leqslant j\leqslant n}d(x_i,y_j)$$

其中，$d(x_i,y_j)$ 表示两个特征点集中任意两点之间的距离，如 Euclidean 距离等，max() 为取最大值函数，min() 为取最小值函数。

（4）马氏距离

马氏距离（Mahalanobis Distance）首先根据已有的特征向量集合估计出协方差矩阵，然后定义如下的对称距离：

$$D(\boldsymbol{X},\boldsymbol{Y}) = \sqrt{_t(\boldsymbol{X}-\boldsymbol{Y})^{\mathrm{T}}\boldsymbol{A}(\boldsymbol{X}-\boldsymbol{Y})}$$

其中，A 是根据已有的特征矢量集估计出来的 $M\times N$ 的相似矩阵。

（5）Minkowski 距离

Minkowski 距离公式表示为：

$$D_q(\boldsymbol{X},\boldsymbol{Y}) = \Big(\sum_i \mid x_i - y_i\mid^q\Big)^{\frac{1}{q}}$$

其中，$q=1,2,\infty$ 是经常使用的 3 种 Minkowski 距离。$q=1,2$ 这两种 Minkowski 距离分别退化为 Manhattan 距离和 Euclidean 距离。

5.4.2　分类学习法

基于分类学习的相似性匹配方法是人工智能领域使用的成熟的分类算法，结合三维模型的形状特征进行相似性计算的方法。目前，主要使用的是人工神经网络，支持向量机（SVM）和判别分析等算法。通常，首先选择一个具有一定规模的三维模型形状特征集合作为训练样本集，然后对使用的算法进行训练，完成三维特征空间的理想划分，得到进行相似性计算和比较的分类器。目前，在三维模型的相似性度量问题中分类学习法正引起越来越多研究者的兴趣。分类学习法还可用于实现三维模型检索中的用户相关反馈机制，通过响应用户的交互性操作，逐步精化检索结果，实现基于用户兴趣度的个性化检索。

5.5　查询方式与用户接口

三维模型检索系统的用户接口也是一个关键技术，如何能够让用户方便、快捷的进行模型检索是其核心目标。由于三维模型中所包含的内容信息比二维图像等二维媒体更加丰富，因此，基于形状的三维模型检索系统一般具有多种用户接口。目前，三维检索的用户接口主要分两方面。一方面是用户要检索的模型信息输入方法，目前普遍采用的方法是关键词文本接口、手工绘制 2D 草图接口、手工绘制 3D 模型接口和 3D 模型示例接口。另一方面是如何满足对检索结果的二次优化查询，即用户相关反馈技术。

关键词检索是基于文本的检索方式，后面 3 种接口都是基于内容的检索方式。现有的大多数检索系统基本都提供 3D 模型示例检索,这种检索方式要求用户提供一个示例模型,这个模型可以是来自系统数据库,也可以是用户自己上传的模型文件。手工绘制 2D 草图检索和手工绘制 3D 模型检索的检索方式提供了比较友好的检索界面,用户可以通过绘制 2D 图像或 3D 模型表达检索要求。

5.6　标准测试数据库和评价指标

检索准确性的判定与测试模型数据库的关系极大,因此应该尽量采用成熟的、得到研究者认可的测试数据库和评价指标对检索算法进行评价。

5.6.1　标准测试数据库

目前,普林斯顿大学的 PSB(Princeton Shape Benchmark)和普渡大学的 ESB(Engineering Shape Benchmark)测试基准数据库是三维模型检索领域内使用得比较广泛的测试数据集。这两个测试基准的设计目标和定位不同。ESB 是一个专用模型数据库,它所包含的模型全部是机械零件模型,共有 867 个模型,分为 45 个类。PSB 是一个通用模型数据库,它包含各式各样的三维模型,如图 5-7 所示。PSB 由属于 161 类的 1814 个三维模型组成,并分成两个部分:训练集和测试集,各包含 907 个模型。分成两个子库的目的是可以通过训练库调整方法的参数,然后到测试库进行检索测试,以确定参数调整结果的稳定性。PSB 根据模型的功能和形式进行人工分类。该分类是分层分类,首先考虑模型的语义和功能,然后考虑模型的形态,另外还根据对象类型(人造对象或者自然对象)分类。例如,一个桌子模型可以属于"一条腿的圆桌"类,也可以是分类比较粗的"圆桌"类,"桌","家具",和"人造物品"类。PSB 库中模型文件的统一格式为". off",该格式忽略了三维模型表面纹理等信息,仅保留最基本的三角网格信息,因此适合于进行形状特征的分析与研究。

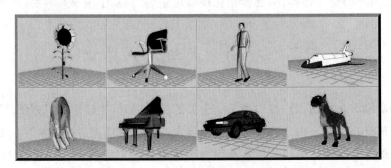

图 5-7　PSB 数据库中的部分模型

5.6.2 性能测试评价指标

对于三维模型的检索性能的判断,主要从查全、查准、时间、资源消费等几个方面来衡量。目前的研究主要用查全率、查准率、第一等级匹配、第二等级匹配和 E-度量等参数来对检索性能进行评价。

(1) 查准率和查全率

在实际的检索过程中考虑到检索出的模型与查询是否相关会出现以下 4 种情况,如图 5-8 所示。

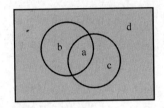

图 5-8 查全率与查准率示意图

全部模型数为 $Q=a+b+c+d$,所有相关模型数为 $A=a+c$,检索到的模型数为 $B=a+b$,a 为检索到相关的模型数,则有:

查准率:$p(A|B)=\dfrac{\rho(A\bigcup B)}{\rho(B)}=\dfrac{a}{a+b}$

查全率:$p(B|A)=\dfrac{\rho(A\bigcup B)}{\rho(A)}=\dfrac{a}{a+c}$

其中,b 表示误查模型数,c 表示漏查模型数,一个理想的检索系统应该使得 b 和 c 都为零。在实际中是不可能的,这是因为模型检索本身就是相似性检索,不具有基于文本检索精确匹配的特点,而且对某些模型是否相关的判断含有一定的主观随意性。

(2) Precision-Recall 曲线

查准率和查全率都与检索出模型的数目密切相关。在一定范围内查准率与检索出所有模型数目成反比;查全率与检索出的所有模型成正比。只考察查准率和查全率不能完全地对检索效果进行评价。一般通过精度-返回曲线评价检索效果,该曲线描述查准率查全率的比率关系。曲线总体越靠近上方表示结果越理想,一个完美的检索结果是过纵轴上 1.0 点与横轴平行的直线。

(3) 第一等级匹配与第二等级匹配

假设对类型 A 的模型进行检索,相关模型的数量为 $A=a+c$,正确返回的模型数为 a,第一等级匹配(First-tier,FT)和第二等级匹配(Second-tier,ST)的定义分别为:

$$FT=\frac{a}{a+c-1}$$

$$ST=\frac{a}{2(a+c-1)}$$

由定义可知,这两个值越大表示检索的效果越好。First-tier 和 Second-tier 的意义是,假设被检索模型所在类中有 $a+c$ 个模型,在前 $a+c-1$ 和 $2(a+c-1)$ 个检索结果中与被检索模型同类的模型所占的比例。是用来描述检索结果对使用者的心理期待的满足程度的一个标准。

(4) E-度量

E-度量(E-Measure)是固定数目检索结果的查全率和查准率的合成测量,定义为:

$$E=\cfrac{2}{\cfrac{1}{\text{precision}}+\cfrac{1}{\text{recall}}}$$

对应于用户更关注第一页查询结果这个习惯。对每次查询,这个指标只选择前 32 个检索模型进行统计。

参考文献

[1] 汪成为，等.灵境(虚拟现实)技术的理论、实现及应用.北京：清华大学出版社，1996.

[2] 龚建华，等.虚拟地理环境.北京：高等教育出版社，2001.

[3] 洪炳镕，等.虚拟现实及其应用.北京：国防工业出版社，2005.

[4] 马登武，等.虚拟现实技术及其在飞行仿真中的应用.北京：国防工业出版社，2005.

[5] 魏迎梅，等，译.虚拟现实技术(第二版).北京：电子工业出版社，2005.

[6] 张涛.多媒体技术与虚拟现实.北京：清华大学出版社，2008.

[7] 胡小强.虚拟现实技术基础与应用.北京：北京邮电大学出版社，2009.

[8] 申蔚，等.虚拟现实技术.北京：清华大学出版社，2009.

[9] 周祖德，等.虚拟现实与虚拟制造.武汉：湖北科学技术，2005.

[10] 李长山，等.虚拟现实技术及其应用.北京：石油工业，2006.

[11] 王玉洁，等.虚拟现实技术在农业中的应用.北京：中国农业出版社，2007.

[12] 朱文华，等.虚拟现实技术与应用.北京：知识产权出版社；上海：科学普及出版社，2007.

[13] 秦文虎，等.虚拟现实基础及可视化设计.北京：化学工业出版社，2009.

[14] FOSTER I, KESSELMAN C, TUECKE S. The Anatomy of the Grid: Enabling Scalable Virtual Organizations [J]. International Journal of High Performance Computing Applications, 2001, 15 (3): 200-222.

[15] KRANZLMULLER D, ROSMANITH H, HEINZLREITER P, POLAK M. Interactive Virtual Reality on the Grid [C]. Proceedings of the Eighth IEEE International Symposium on Distributed Simulation and Real-Time Applications (DS-RT'04), 2004: 152-158.

[16] Katarzyna Zajac, Marian Bubak, Maciej Malawski, SLOOT P M A. Execution and Migration Management of HLA-Based Interactive Simulations on the Grid [C]. Parallel Processing and Applied Mathematics, Springer-Verlag LNCS 3019, 2003: 872-879.

[17] TALWAR V, BASU S, KUMAR R. An Environment for Enabling Interactive Grids[C]. Proceedings of the 12th IEEE International Symposium on High Performance Distributed Computing (HPDC'03), 2003: 184-193.

[18] Shalini Venkataraman，LEIGH J，COFFIN T. Kites Flying In and Out of Space-Distributed Physically Based Art on the Grid [J]. Future Generation Computer Systems，2001，19 (6)：973-982.

[19] The National Science Foundation TeraGrid project，http://www. teragrid. org/ [EB/OL]. Available in June 2007.

[20] MORSE K L，DRAKE K L，BRUNTON R P Z. Web Enabling HLA Compliant Simulations to Support Network Centric Applications [C]. Proceedings of Command and Control Research and Technology Symposium (CCRTS04)，2004.

[21] WINTERS L S，TOLK A. The Integration of Modeling and Simulation with Joint Command and Control on the Global Information Grid [C]. Proceedings of 2005 Spring Simulation Interoperability Workshop，Paper 05S-SIW-148，San Diego，CA，April 2005.

[22] NUMRICH S K，HIEB M，TOLK A. M&S in the GIG Environment：An Expanded View of Distributing Simulation [C]. Proceedings of Interservice/ Industry Traning，Simulation，and Education Conference (I/ITSEC'04)，2004.

[23] Wenbo Zong，Yong Wang，Wentong Cai，TURNER S J. Grid Services and Service Discovery for HLA-Based Distributed Simulation [C]. Proceedings of the Eighth IEEE International Symposium on Distributed Simulation and Real-Time Applications (DS-RT'04)，2004：116-124.

[24] Katarzyna Rycerz，Bartosz Balis，Robert Szymacha，Marian Bubak，SLOOT P M A. Monitoring of HLA Grid Application Federates with OCM-G [C]. Proceedings of the Eighth IEEE International Symposium on Distributed Simulation and Real-Time Applications (DS-RT'04)，2004：125-132.

[25] Katarzyna Zajac，Martin Bubak，Maciej Malawski，et al. A Proposal of the Services for Managing Interactive Grid Applications [C]. Proceedings of Cracow'02 Grid Workshop，2002：155-163.

[26] TIM P，MICHAEL F. Extending Distributed Simulation：Web Services Access to HLA Federations [C]. Proceedings of 2004 Europe Simulation Interoperability Workshop，2004.

[27] ANDREAS W，INGO S，ULRICH R. Integration of HLA Simulation Models into a Standardized Web Service World [C]. Proceedings of 2003 Europe Simulation Interoperability Workshop，2003.

[28] DAVID M，KENNETH B D，MARK F，et al. A Web-based Infrastructure for Simulation and Training [C]. Proceedings of 2004 Fall Simulation Interoperability Workshop，2004.

[29] EKLOF M，SPARF M，MORADI F，et al. Peer-to-Peer-Based Resource

Management in Support of HLA-Based Distributed Simulations [J]. Simulation: Transactions of the Society for Modeling and Simulation. 2004, 80 (4-5): 181-190.

[30] ULRIKSSON J, MORADI F, SVENSON O. A Web-based Environment for Building Distributed Simulations [C]. Proceedings of the IEEE 2002 European Simulation Interoperability Workshop, Paper 02E-SIW-036, 2002.

[31] PAUL K. ROBERT D H. Anderson. Improving the Composability of Department of Defense Models and Simulations [R]. RAND, 2003.

[32] 刘晓建. 大规模分布式仿真信息传输延迟技术研究 [博士学位论文]. 长沙：国防科学技术大学，2003.

[33] Yong Xie, Yong Meng Teo, Wentong Cai, et al. Service Provisioning for HLA-Based Distributed Simulation on the Grid [C]. Proceedings of the 19th IEEE/ACM/SCS Workshop on Principles of Advanced and Distributed Simulation. (PADS05), 2005: 282-291.

[34] BRUNETT S, DAVIS D, GOTTSCHALK T, et al. Implementing Distributed Synthetic Forces Simulations in Metacomputing Environments [C]. Proceedings of the Heterogeneous Computing Workshop, IEEE Computer Society Press, 1998: 29-42.

[35] PULLEN J M, SIMON R, KHUNBOA C, et al. A Next-Generation Internet Federation Object Model for the HLA [C]. Proceedings of the Sixth IEEE International Workshop on Distributed Simulation and Real-Time Applications (DS-RT02), 2002: 43-49.

[36] BERNHOLDT D, FOX G C, FRUMANSKI W. WebHLA - An Interactive Programming and Training Environment for High Performance Modeling and Simulation [C]. Proceedings of the DoD HPC98 Users Group Conference, June 1998.

[37] Yong Xie, Yong Meng Teo, Wentong Cai, et al. A Distributed Simulation Backbone for Executing HLA-based Simulation over the Internet [C]. Workshop on Grid Computing & Applications, International Conference on Scientific and Engineering Computation (IC-SEC04), June 2004.

[38] TAYLOR S J E, SUDRA R. Modular HLA RTI Services: The GRIDS Approach [C]. Proceedings of the Sixth IEEE International Workshop on Distributed Simulation and Real-Time Applications (DS-RT02), 2002.

[39] RYCERZ K, BUBAK M, MALAWSKI M, et al. Execution Support for HLA-based Distributed Iteractive Applications [C]. 2003 Grid Workshop. Cracow, Poland, Oct. 2003.

[40] RYCERZ K, BUBAK M, MALAWSKI M, et al. Support for Effective and Fault Tolerant Execution of HLA-Based Applications in the OGSA Frame-

work [C]. Computational Science-ICCS 2004, Proceedings of the 4th International Conference, 2004: 848-855.

[41] Katarzyna Zajac, Alfredo Tirado-Ramos, Zhiming Zhao, et al. Grid Services for HLA-based Distributed Simulation Frameworks [C]. European Across Grids Conference. Berlin Heidelberg: Springer-Verlag, 2003: 147-154.

[42] BRUNETT S, GOTTSCHALK T. Scalable ModSAF Simulation with More than 50,000 Vehicles Using Multiple Scalable Parallel Processors [C]. Proceedings of 1998 Simulation Interoperability Workshop, Spring, 1998.

[43] Wentong Cai, TURNER S J, Hanfeng Zhao. A Load Management System for Running HLA-based Distributed Simulations over the Grid [C]. Proceedings of the Sixth IEEE International Workshop on Distributed Simulation and Real-Time Applications (DS-RT'02), 2002: 7-14.

[44] Katarzyna Zajac, Marian Bubak, Maciej Malawski, Peter Sloot. Towards a Grid Management System for HLA-based Interactive Simulations [C]. Proceedings of the Seventh IEEE International Symposium on Distributed Simulation and Real-Time Applications (DS-RT'03), 2003: 4-11.

[45] MORSE K L, DRAKE D L, BRUNTON R P Z. Web Enabling an RTI - an XMSF Profile [C]. Proceedings of the IEEE 2003 European Simulation Interoperability Workshop, Paper 03E-SIW-046, 2003.

[46] FITZGIBBONS J B, FUJIMOTO R M, FELLIG D, KLEBAN S D, SCHOLAND A J. IDsim: an Extensible Framework for Interoperability Distributed Simulation [C]. Proceedings of the IEEE International Conference on Web Services (ICWS'04), 2004: 532-539.

[47] ARNOLD B, JOHN R, DON B. Using XMSF Web Services for Joint Modeling and Analysis [C]. Proceedings of 2004 Fall Simulation Interoperability Workshop, 2004.

[48] PULLEN J M, BRUNTON R, DRAKE D, et al. Using Web Services to Integrate Heterogeneous Simulations in a Grid Environment [C]. Computational Science-ICCS 2004, Proceedings of Workshop on HLA-based Distributed Simulation on the Grid, LNCS 3038, 2004: 835-847.

[49] BRAUN T D, SIEGEL H J, BECK N, et al. A Taxonomy for Describing Matching and Scheduling Heuristics for Mixed-Machine Heterogeneous Computing Systems [C]. Proceedings of IEEE Workshop on Advances in Parallel and Distributed Systems, 1998: 330-335.

[50] KRAUTER K, Rajkumar Buyya, Muthucumaru Maheswaran. A Taxonomy and Survey of Grid Resource Management Systems [J]. Software Practice and Experience, 2002, 32 (2): 135-164.

[51] 魏洪涛. 基于网格计算的仿真任务管理与调度方法研究 [博士学位论文]. 长

沙：国防科学技术大学，2005.

[52] 崔洋，包钢，王祖温. 虚拟现实技术中力/触觉反馈的研究现状. 机床与液压，2008,36(7).

[53] 王兴凤，秦开怀. 五自由度三维鼠标的设计与实现. 清华大学学报（自然科学版），2008,48(10):1688-1691.

[54] STURMAN D J，ZELTZER D. A Survey of Glove-based Input. IEEE Computer Graphics & Applications，30-39，1994.

[55] 刘玉杰. 基于形状的三维模型检索若干关键技术研究［博士学位论文］. 北京：中国科学院研究生院，2006.

[56] 崔晨，石教英. 三维模型检索中的特征提取技术综述. 计算机辅助设计与图形学学报，2004,16(7):882-889.

[57] 王慧玲. 基于内容的 3D 模型检索概述. 伊犁师范学院学报（自然科学版），2010(3)：54-57.

[58] 郑伯川，等. 3D 模型检索技术综述. 计算机辅助设计与图形学学报，2004(7)：873-881.

[59] 徐鹏捷，等. 三维模型检索算法综述. 大众科技，2009(12)：44-45.

[60] 徐士彪，车武军，张晓鹏. 基于形状特征的三维模型检索技术综述. 中国体视学与图像分析，2010,15(4)：439-450.